360° 全景探秘
最不可思议的昆虫帝国

最不可思议的昆虫帝国
ZUI BU KE SI YI DE KUN CHONG DI GUO

360度全景探秘

最不可思议的昆虫帝国

主编 李 阳

天津出版传媒集团
天津科学技术出版社

图书在版编目（CIP）数据

最不可思议的昆虫帝国 / 李阳主编.—天津：天津科学技术出版社，2012.4（2021.6重印）
（360度全景探秘）
ISBN 978-7-5308-6984-0

Ⅰ.①最… Ⅱ.①李… Ⅲ.①昆虫学—普及读物
Ⅳ.①Q96-49

中国版本图书馆CIP数据核字（2012）第078873号

360度全景探秘——最不可思议的昆虫帝国
360DU QUANJING TANMI —— ZUI BUKE SIYI DE KUNCHONG DIGUO

责任编辑：	王　璐
责任印制：	刘　彤
出　　版：	天津出版传媒集团 天津科学技术出版社
地　　址：	天津市西康路35号
邮　　编：	300051
电　　话：	（022）23332399
网　　址：	www.tjkjcbs.com.cn
发　　行：	新华书店经销
印　　刷：	永清县晔盛亚胶印有限公司

开本 690×940　1/16　印张 10　字数 200 000
2021年6月第1版第5次印刷
定价：35.00元

一、神秘的昆虫世界 / 1

　　远古的移民 / 2

　　人类与昆虫 / 7

　　昆虫探索之谜 / 10

　　昆虫世界 / 12

　　怎样识别昆虫 / 14

二、昆虫与人类的关系 / 15

　　昆虫飞行的启示 / 16

　　大自然的清洁工之谜 / 18

　　恙虫可以治艾滋病 / 22

　　蚂蚁食品有益于改善现代人健康 / 24

　　昆虫领航探索火星 / 29

　　用昆虫对付罪犯 / 33

三、平静的昆虫世界 / 37

轻音乐演奏家——蠹斯 / 38

婚礼中的吉祥虫 / 41

萤火虫轶事 / 42

窈窕淑女——吉丁甲虫 / 46

趣味昆虫 / 47

昆虫与世界地名之谜 / 49

气象哨兵之谜 / 52

四、神奇的昆虫世界 / 53

使人跳舞的狼蛛 / 54

北极昆虫 / 59

昆虫歌星 / 60

有趣的蝼蛄"方言"之谜 / 61

头长"天线"蜻蜓之谜 / 62

昆虫王国中的骗子 / 63

昆虫的世界之最 / 66

"暴牙"怪虫之谜 / 70

"培养"诺贝尔奖得主的小昆虫——果蝇 / 71

天牛之最 / 72

五、恐怖的昆虫世界 / 77

昆虫坏名声之谜 / 78

杀人蚁北伐之谜 / 81

面目狰狞的巨无霸之谜 / 83

毁坏森林的元凶 / 85

昆虫与高科技恩怨趣谈 / 89

吸血鬼之谜 / 91

对人类有害的昆虫 / 92

六、缤纷的昆虫世界 / 99

身材出众的螳螂 / 100

威武的独角仙 / 103

生防中的小猎手——捕食螨 / 105

姬蜂 / 107

讨人厌的臭虫 / 112

社会性昆虫蚂蚁 / 116

逢人便拜的叩头虫 / 118

昆虫数学家 / 120

台湾罕见奇形虫 / 124

奇形怪状的幼虫 / 127

七、昆虫世界的奇异现象 / 131

蚜虫报警 / 132

蝴蝶黑翅膀之谜 / 134

幼虫的蜕皮 / 137

昆虫的两种眼睛 / 139

昆虫通讯之谜 / 143

昆虫也会搞"窃听" / 145

昆虫如何防卫 / 146

别具一格的自救方法 / 149

·最·不·可·思·议·的·昆·虫·帝·国·

一、神秘的昆虫世界

远古的移民

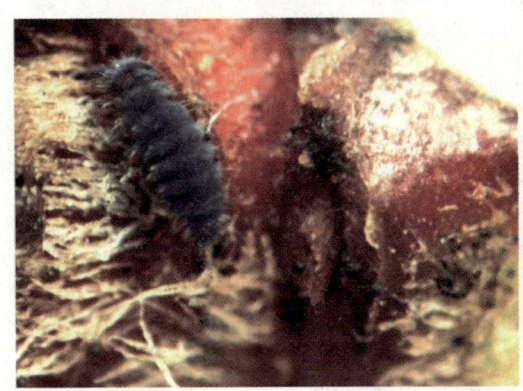

◆ 弹尾虫

◆ 蜻蜓

◆ 双尾虫

在35 400年前，昆虫开始出现在地球上，成为地球生物中的一员，它们比鸟类早了约15 900年，因此称得上是地球的老住户了。

地球存在至今分为无生代、始生代、原生代、古生代、中生代和新生代6个生代。昆虫在古生代的泥盆纪开始出现，并从此开始了演变、发展和生活。

昆虫最早的祖先是水生节肢动物中的多足类。随着时间的延续，它们逐渐登上陆地舞台。同时，它们的身体构造也发生了巨大变化，演化为现在具有头、胸、腹三大段的体态。

早期昆虫，从小到大都是一个模样，不同

的只是身体的节数在增加,性发育由不成熟到成熟。它们躯体上没有明显的翅,腹部上的足也没有完全退化。这些种类至今还保持着原来的体态,如无翅亚纲中的弹尾虫、原尾虫和双尾虫等。随着时间的流逝,约在泥盆纪末期,有些昆虫才由无翅演变为有翅。

在以后亿万年的漫长历史变化中,有些种类的昆虫,由于不能适应冰川、洪水、干旱和地壳变迁等外界环境的剧烈变化,就被大自然淘汰了。也有些种类,适应了环境而繁衍到今天。例如蜻蜓和蟑螂,就与数万年前的化石标本没有什么区别。

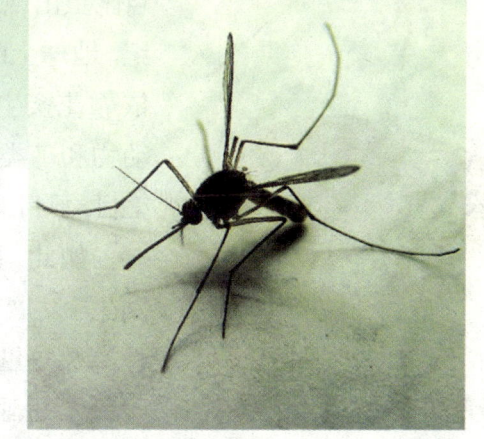

最不可思议的昆虫帝国

◆ 始祖鸟复原图

◆ 蟑螂

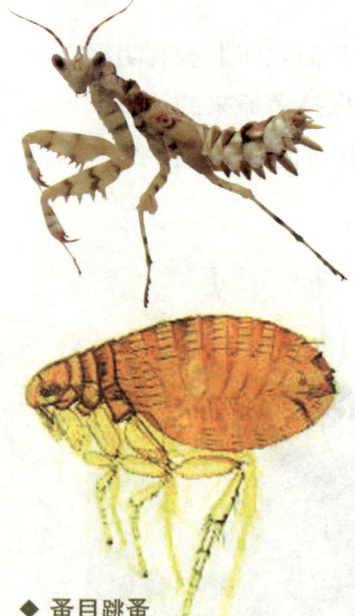
◆ 蚤目跳蚤

古生代的石炭纪中期（35000万年前）是昆虫演变最快的时期，大自然中的森林树木已生长得枝繁叶茂，郁郁葱葱，而且供给植物水分的沼泽、湖泊广大繁多，因此，许多不同形状的昆虫相继出现。其中有的昆虫，从幼虫发育到成虫，体态有明显变化，成为要经过卵、幼虫、蛹、成虫四个不同发育阶段的完全变态类群。

但是昆虫在地球上的生存发展，也不是一帆风顺的，而是经历了几次大起伏。比较突出的一次灾难在中生代，地球气候巨变，陆地因干旱变成了不毛之地，森林绿洲只局限于湖泊河流及沿海地区。原来生活于水域中的部分爬行动物，只好改变生活习性和身体结构，演变成会飞的始祖鸟。它们在各种植物间飞跃，有的以昆虫为食。这时，有翅昆虫失去了生存的领空，但是也有些适应能力强的昆虫，借助自身的优势，顽强而旺盛地存在着。

特别值得一提的是，在此期间螳螂目和鳞翅目昆虫出现，促进了近代昆虫的茁壮发展。到白垩纪，地球上的近代植物群落形成，开花植物增多，依靠花蜜生活的昆虫种类也与日俱增。随着哺乳动物和鸟类家族的兴旺，靠营体外寄生生活的食毛目、虱目、蚤目等也随之而生。

如此，昆虫在地球上出现后，在其不间断的发生、发展和演化中，优胜劣汰，直至今日，无论种类及数量，都凌驾于其他动物之上。

无翅亚纲的各种昆虫都很原始，它们从出

现到现在仍未绝种,可以说是远古地球的遗民。这些昆虫没有翅膀,也不经过变态过程。事实上,有些学者认为这一亚纲之中某些种动物不应当归入昆虫纲。可是不论怎样,没有翅膀的昆虫在昆虫演化史上也占有重要地位。双尾目的地位尤其重要,因为它们是从早熟的六足幼虫发展出来的。它们和一般昆虫无异,只不过没有翅膀,同时口器藏在一个袋子里面,生长于山洞或其他阴湿地方,颜色白白的,没有视觉。

◆ 螳螂

弹尾目的昆虫数量颇多,其中有些能在水面走,也能在水面弹起避敌。缨尾目的衣鱼等昆虫,与后来发展出来的有翅亚纲关系最密切;从口器、眼睛以及产卵管的构造看,它可说是有翅昆虫的祖先。但是缨尾目昆虫从生到死身体结构不变,只是逐渐长大,终身都要蜕皮,这是和有翅昆虫最不同的地方。

◆ 鳞翅目橙灰蝶

◆ 鳞翅目线灰蝶

无翅亚纲还有一目叫原尾目。这类昆虫种类少,身体不到两毫米长,头部呈锥形,无眼及触角,居住在土壤阴湿的地方。

最初能飞的昆虫,翅膀的基本构造简单,不飞行的时候无法折叠平放到腹部上。约32000万年前已经有形似蜻蜓的大脉翅类昆虫,翅展达75厘米。这类昆虫现存的只有各种蜻蜓、豆娘和蜉蝣。它们的翅是一种很强韧的透明膜,有网状的翅脉支持。休息时,

◆ 鳞翅目多眼蝶

◆ 缨尾目昆虫　　◆ 衣鱼

◆ 豆娘

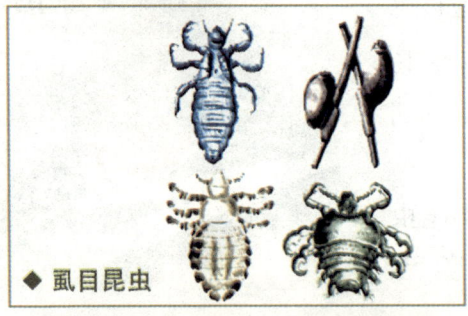
◆ 虱目昆虫

◆ 蜉蝣稚虫

◆ 蜉蝣

蜻蜓把翅膀左右平伸；豆娘和蜉蝣则把翅膀合起来高举在胸部之上。

蜻蜓、豆娘、蜉蝣和稚虫，都在水中生活。昆虫的祖先在海中生活时有气管鳃，可呼吸溶在水中的氧；改到陆地生活后，就丧失了气管鳃，发展出呼吸空气的气管。可是有些昆虫又回到水中去居住，更多的是幼虫时期在水中，成虫时期在陆地及空中，如蜻蜓。

这便是昆虫自古至今的演变过程，具体的内容更加丰富多彩。我们将在下面的章节中介绍。

人类与昆虫

昆虫数目很多，而且体形比较小，一切活动很容易逃避人们的注意，但这些活动对其他生物都有相当重要的影响，甚至能影响整个人类世界。在赋有生命的有机体领域中，昆虫作出了很多贡献，特别是它们与植物之间一直保持着密切关系。昆虫互相捕杀，有的还寄生于其他昆虫的身体上，控制了昆虫数目。昆虫啃食枯萎树叶，加速物质的分解，啃食新鲜树叶，加速它的转变，使其成为虫粪。吮吸树液的昆虫也会促使植物的养料能迅速透过细胞壁，向外渗出。这使生态系统永远保持非常快的新陈代谢，以便对太阳能作充分利用。

能够分泌物质供人类吃、用、买卖的昆虫不多，只有紫胶虫、胭脂虫、蜜蜂和蚕等少数几种。但是药用昆虫却不少，包括约有11个目70多种的昆虫，其中，冬虫夏草、蜂蜜是滋补强壮剂，在国际上享有盛名；地鳖虫具有活血化瘀、通经止痛的功效；五倍子、虫白

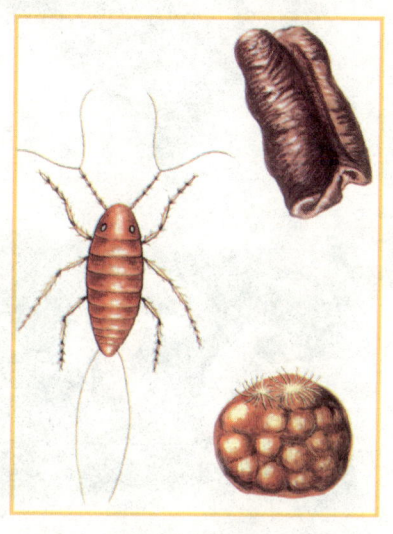

◆ 紫胶虫及其分泌的胶质物体

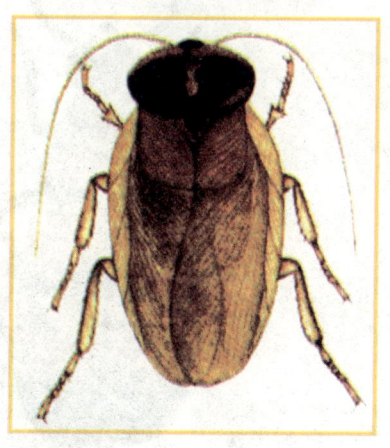

◆ 冀地鳖

◆ 蚕

◆ 斑蝥

蜡、紫铆，不仅是常用的中药材，而且是用途广泛的重要工业原料。从斑蝥、芫菁、金龟子中提取的斑蝥，在治癌上有显著疗效。

昆虫世界里，还有近30%的种类为捕食性昆虫和寄生性昆虫。这一类昆虫多是农业、森林、仓库中的益虫，卫生害虫的天敌，可以帮助人们消灭害虫。人类自己对消灭害虫也作了努力，大家纷纷采用科学家研究出来的杀虫药。但是有些害虫不受影响，仍能生存。它们继续繁殖，并且对化学杀虫剂产生了抗药性。而且，化学杀虫剂不光消灭害虫，同时也杀死益虫。除此以外，土壤与空气又受到这种化学药剂的污染，情况恶劣，危及其他动物——包括人类自己。因此，人们正在努力寻求一种较佳的消灭害虫和传病昆虫的方法。

昆虫与人类息息相关，不能简单地判断它们是害是益。有害的，我们一定可以战胜；有益的，我们也可以利用先进的科学手段，使它们更好地为我们服务。

360° 全景探秘
神秘的昆虫世界

◆ 虫草

◆ 蜜蜂

◆ 金龟子

昆虫探索之谜

昆虫无处不在，从热带到两极，从高山之巅到数米深的土壤中，甚至在人的身体内都有昆虫分布。昆虫生存能力惊人，火山爆发、地震、洪水发生后，先定居下来的生物总是昆虫。

昆虫是无脊椎动物，分为头、胸、腹三段，成虫有三对分节的足，多数在胸部生着两对翅，头上有触角。骨骼长

◆ 蜜蜂的"集团式"生活

在肉外面,称为外骨骼,这是昆虫护身的盔甲。

昆虫纲是动物界中最大的纲,已知昆虫有近80万种。昆虫不仅种类繁多,每种的个体数量也极其庞大。由于昆虫惯于群居生活,所以我们常看到"集团式"昆虫。

那么,昆虫为什么这么多呢?

首先,飞行为昆虫觅食、避敌和扩大分布范围提供了方便;其次,从菜地到果园,从植物的花到叶,从动物的活体到尸体,都是昆虫的食物;第三,昆虫繁殖能力惊人。例如蜂王每天可以产2000～3000粒卵。

以上原因使得昆虫成为了大自然中最庞大的动物家庭,诞生3亿多年而生生不息。

昆虫世界

蜻蜓

蜻蜓白天觅食，有双大眼睛更容易找到食物，还易于提防敌人，更便于逃走！

天牛

在天牛这类甲虫的前后外壳间有发音板，它们将这些发音板摩擦发声，或用后腿摩擦前面的鞘翅发声。蟋蟀和薄翅螽斯右边的翅膀有槽，而左边的翅膀像锉，可以沿腿摩擦发出声音！

瓢虫

瓢虫有时会牺牲自己,去保卫其他的瓢虫!而敌人一旦尝过瓢虫的苦味和臭味,就终生难忘,永远不敢再吃这种虫!

萤火虫

在萤火虫尾巴的后部有个透明的膜,包着一个大房室,里面装有一些叫荧光素和荧光粉的物质,它们与氧气接触时会发出亮光,不过这种光不发热!萤火虫闪光是为了吸引伴侣,雄萤火虫能认出雌萤火虫闪烁的光亮,并做出回应!

蚂蚁

很多蚂蚁非常喜欢甜味的食物,有些蚂蚁吃其他昆虫的尸体,有些蚂蚁又只吃果子和草!

怎样识别昆虫

◆ 蝉

◆ 蜜蜂

谈到昆虫，大家已经很熟悉了。彩色纷飞的蝴蝶，访花酿蜜的蜜蜂，吐丝结茧的蚕宝宝，引吭高歌的知了，憨厚可爱的小瓢虫，令人讨厌的苍蝇、蚊子、蟑螂等。那么，昆虫还有哪些呢？什么样的虫才算昆虫呢？

昆虫在动物界中属于节肢动物门中的昆虫纲，主要特征如下：

1．身体的环节分别集合组成头、胸、腹三个体段；

2．头部是感觉和取食中心，具有口器（嘴）和1对触角，通常还有复眼及单眼；

3．胸部是运动中心，有3对足，一般还有2对翅；

4．腹部是生殖与代谢中心，其中包含着生殖器和大部分内脏；

5．昆虫在生长发育过程中要经过一系列内部及外部形态上的变化，才能转变为成虫。这种体态上的改变称为变态。

因此，昆虫的基本特征可以概括为："体躯三段头、胸、腹，2对翅膀6只足；1对触角头上生，骨骼包在体外部；一生形态多变化，遍布全球旺家族。"

·最·不·可·思·议·的·昆·虫·帝·国·

二、昆虫与人类的关系

昆虫飞行的启示

◆ 蜻蜓

空气动力学中，有种物理现象叫"颤振"，这是飞行中的一种有害振动。飞机飞得太快，机翼就会产生这种现象，严重时甚至导致机毁人亡。但是某些会飞的昆虫却早已解决了这个问题。你注意一下蜻蜓的翅膀，在它末端前缘有一块深色加厚的色素斑，好像一块黑痣（昆虫学上叫翅痣），这就是蜻蜓用于克服飞行"颤振"的装置。人们发现蜻蜓的这个秘密以后，就把它借用到飞机上，在飞机两翼末端的前缘，制成一块加厚区，或者加上"配重"装置，这样就消除了有害的"颤振"现象。

在科技现代化的时代，要逐步提高人类的航空技术，昆虫能够带来更进一步的启发。蜜蜂、黄蜂、蚊子、苍蝇等可以向上飞，可以垂直下降，可以定悬空中，也可以突然侧飞或者回头飞行，其灵活程度是目前任何飞机都达不

到的。蝴蝶和蛾子在飞行时还能在翅膀表面产生一种波来增加推力和升力,或者促使身体绕着一根轴线翻转。很显然,弄清这些昆虫飞行的原理,对于改进人类的航空技术是很有好处的。

昆虫的翅膀很单薄。例如蜻蜓的翅膀薄得像苇膜儿,长度只有5.1毫米,面积只有4.6平方厘米,重量只有0.005克,却有足够的强度和刚度,它每秒钟可以扇动16～40次,使飞行速度达到每秒钟18～20米。真是超轻结构飞行的奇迹!这难道不值得工程师们悉心研究吗?

大自然的清洁工之谜

◆ 蜣螂

◆ 神农蜣螂

昆虫种类繁多，食性多样，其中腐食性昆虫占总种数的17.3%。这一类群或者以生物的尸体和粪便为食，或者将尸体埋入土中，是地球上最大的"清洁工"。而且它们的活动加速了生物残骸的分解，在大自然的能量循环中起着十分重要的作用。很难想象，在地球上没有这些"清洁工"，世界会变成什么样子！蜣螂就是这些"清洁工"中的杰出代表。

在乡间或牧区经常会发现滚动着的粪球，这是"清洁工"在搬运"宝贝"——充饥的粮食。它们一只在前头拉，一只在后面推，使粪球慢慢向前滚。通常雌虫在前，雄虫在后。这种灵巧滑稽的小昆虫，就是通常所说的蜣螂或屎壳郎，也有称它为粪金龟或牛屎龟的。

蜣螂体呈黑色或黑褐色，为大中型昆虫。前足为开掘足，后足靠近腹部末端，距离中足较远，后足胫节有一个端距。触角鳃叶状，锤状部多毛，小盾片看不见。鞘翅将腹部气门完全盖住。完全变态，夜出性，但推粪球是在白天进行。蜣螂能把大堆的牛粪做成小圆球，然后一个个推向预先挖掘好的洞穴中贮藏，慢慢享用。然而在蜣螂的同类中，也隐藏着一些懒汉和无赖，它们常常伺机在半路上抢夺滚动着的粪球，妄图占为己有。若是取胜，就会连别人的"妻子"一起掳走！

蜣螂是益虫，为造福人类作出了贡献。澳大利亚是世界养牛王国，因此牛粪堆积如山，既毁坏了大批草地，又滋生了大量带菌的苍蝇。而澳洲本地的蜣螂只会清除袋鼠的粪便。1979年，一位昆虫学家来中国引进了神农蜣螂。此虫一到澳大利亚，立即投入战斗，在清除牛粪中大显身手，为当地人民作出了贡献。

360° 全景探秘

昆虫与
人类的关系

恙虫可以治艾滋病

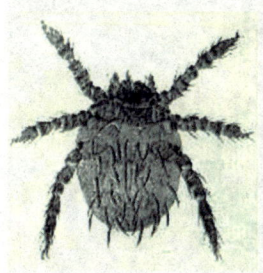

◆ 恙虫

艾滋病一向被称为绝症，可是最近科学家发现恙虫病毒对艾滋病病毒具有显著的抑制和杀灭作用。这种"以毒攻毒"疗法一旦用于临床，将大大降低治疗成本，造福广大患者。

恙虫病是一种亚洲独有且多发的热带传染性疾病，其病毒通过昆虫传播，严重时可置人于死命。一个

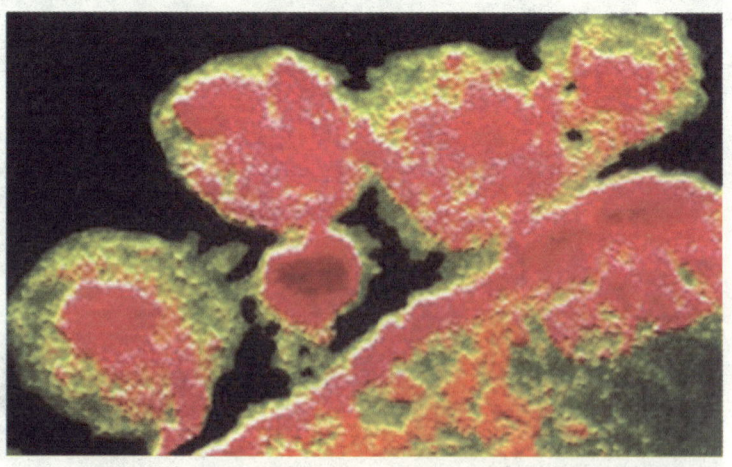

◆ 艾滋病毒

昆虫与人类的关系

　　由泰国、美国和英国科学家组成的研究小组用了一年多时间,对包括钩端螺旋体等在内的多种热带病毒进行了悉心研究,发现恙虫病毒在抑制艾滋病病毒方面有独特功效。

　　该研究小组负责人瓦特博士介绍说,他的小组用各种病毒对15名艾滋病患者进行了临床试验,其中10人的血液中被注入适量的恙虫病毒。通过检测发现,这些患者血液中艾滋病毒数量明显减少,其中有两人的血液甚至趋于正常水平。瓦特博士表示,如果能通过对恙虫病毒的研究找到某种艾滋病病毒抗体,将是一种价格十分低廉的有效治疗手段。但眼下的研究成果仅仅是一个开头,用恙虫病毒能否治愈艾滋病、如何减少恙虫病毒本身给患者健康带来的巨大风险等问题还远未解决。

蚂蚁食品有益于改善现代人健康

◆ 蚂蚁

10多位全国著名营养学、昆虫学、绿色食品专家聚会在人民大会堂,他们把目光对准了小小的蚂蚁,呼吁人们注意营养均衡,实现蚂蚁食品产业化!那么,小小蚂蚁为什么会引起如此多的专家高度重视呢?

营养不均衡严重影响了现代人健康

营养不平衡是当前中国城乡居民非常突出的问题。过去,我们注意大豆和牛奶,现在我们要注意蚂蚁。蚂蚁虽小,但营养比较全,有丰富的微量元素,可提供大量的锌、锡、纤维素,而且人类需要的8种氨基酸,蚂蚁中都有。因此,发展蚂蚁食品是一件非常有意义的事业。

<<<<< 360°全景探秘

昆虫与
人类的关系

开发抗疲劳食品是人类的一大福音

◆ 蚂蚁

蚂蚁是非常值得开发的新资源。从蚂蚁富含的众多营养成分看，它有明显的抗疲劳功能，而疲劳是现在许多疾病的诱因。据世界卫生组织调查，世界三分之一的人处于疲劳状态，中年人中约有60%处于疲劳状态，所以如果能够用蚂蚁开发出抗疲劳食品，对人类来说无疑是个福音。

蚂蚁中许多营养元素具有抗肿癌作用

蚂蚁不只含有氨基酸和微量元素，还有ATP，能够治好类风湿、糖尿病等。《本草纲目》指出，用蚂蚁作药膳能够治病，提高免疫力，增强性功能，抗疲劳，抗衰老。目前，食品污染相当严重，每年新添癌症病例250万例，而蚂蚁中含有的许多营养元素具有抗肿癌作用，因此，将蚂蚁食品引入生活是十分重要的，我们应为此不懈努力。

最不可思议的昆虫帝国
ZUIBUKESIYIDEKUNCHONGDIGUO

昆虫与
人类的关系

昆虫领航探索火星

在近代,人与昆虫的关系有了新发展。澳大利亚洲科学家最近制造了一架"昆虫飞行器",这架"昆虫飞行器"将被用于探索火星。过去的火星表面图,是由计算机根据宇宙飞船上的仪器传回的数据仿真出来的。科学家们想,如果有一架像昆虫一样轻巧的飞行器在火星活动,就可以近距离拍下火星地表的真实面貌了。于是,澳洲科学家研究蜻蜓、蜜蜂、蝗虫等昆虫的眼睛后,制造出了一个电子复眼模型。这个电子复眼,通过测量紫外光和绿光的分布来保持水平飞行,这种方式,可以解决在火星的飞行困难。另外,火星上没有卫星导航系统,也没有可以判断方向的磁场,怎么办呢?这件事,竟然在蜜蜂身上找到了解决的方法。

科学家研究发现,蜜蜂能用天空中的磁偏震、地标、飞行距离等综合导航。目前,研究小组正计划研制出成熟的、有实用价值的火星导航传感器。未来,这种只有一块巧克力大小的飞行器将在火星的表面执行探测任务,它们像蜻蜓一样灵活敏捷,像蜜蜂一样准确。我们期待这一天的到来。

◆ "全球鹰"无人飞机

◆ 零式战斗机

◆ P39战斗机

◆ 无人驾驶的飞机

360° 全景探秘 >>>>
Z 最不可思议的昆虫帝国
ZUIBUKESIYIDEKUNCHONGDIGUO

用昆虫对付罪犯

在犯罪现场发现的蛆和其他昆虫可以为我们提供很重要的破案线索，一个关于如何利用昆虫破案的展览就曾在美国明尼苏达州立科学博物馆展出。

这个名为"CSI：嗅出犯罪的昆虫"的展览，旨在向人们介绍一个发展迅速的新的科学领域：犯罪昆虫学，并向人们展示

了如何利用昆虫破案。确认尸体里面昆虫的种类，和它们发育的阶段，可以帮助我们确定死者遇害的时间，还可以提供死者是如何遇害、在何处遇害、是否死于毒品或者其他毒药中毒等。在法庭上这些证据是被承认的，因为虫子是很好的"目击证人"，从不说谎。

这次活动的负责人说："可以根据它们确定很多事实，同时它们也不会介意被审问。只要你的分析工作准确彻底，能发现那些隐藏起来的线索，这些虫子就会告诉你到底曾经发生过什么事情。"

最不可思议的昆虫帝国
ZUIBUKESIYIDEKUNCHONGDIGUO

360° 全景探秘

昆虫与人类的关系

360° 全景探秘 >>>>
最不可思议的昆虫帝国
ZUIBUKESIYIDEKUNCHONGDIGUO

最·不·可·思·议·的·昆·虫·帝·国

三、平静的昆虫世界

轻音乐演奏家——螽斯

螽斯也叫蝈蝈，又称哥哥，种类很多，全世界已知约7000种，是鸣虫中体型较大的一种。体长40毫米左右，侧扁。触角呈丝状，覆翅膜质，较脆弱，前缘向下方倾斜，一般以左翅覆于右翅之上。后翅多稍长于前翅，也有短翅或无翅种类。栖息于树上的种类常为绿色，无翅的地栖种类通常色暗。足跗节4节，尾须短小，产卵器刀状或剑状。螽斯能发出各种美妙的声音，它们的"乐器"长在前翅上，在左覆翅的臀区具一略呈圆形的发音锉，锉周缘围以较强而弯曲的翅脉，中间横贯一条加粗的翅脉作为音锉，音锉上有许多小齿；右覆翅上具边缘硬化的刮器，音锉与刮器相互摩擦，即可产生声音，由于不同种类音锉的大小、齿数、齿间距都不相同，因而发出的声音也各不同。此外，翅的薄厚和振动速度也影响鸣声的节奏和高低。

◆ 螽斯

不过能够发出声音的只是雄性螽斯，雌性是"哑巴"，但雌性有听器，可以听到雄虫的呼唤。雄虫通过发出自己独特的鸣声（声音通讯）寻找配偶，吸引同种雌虫前来交配，进行生殖活动。以此为目的的鸣叫是一种多音节或单音节构成的唧唧声，称作"婚恋

平静的
昆虫世界

曲",雄虫往往能连续唱很长时间,并常会有几头雄虫同时高歌,雌虫闻讯赶来,一般选中歌声洪亮者作为自己的"恋人"。声音除了用来吸引异性外,还能起到自卫和报警的作用,当两只雄虫相遇时,便高唱"战歌",面对面摆好架式,摇动着触角,大有一触即发之势,双方只有后撤才会相安无事。如果周围出现异常或危险,螽斯便发出"警报",警告其他螽斯。

婚礼中的吉祥虫

在众多的昆虫中,有一些被喻为美好和吉祥的象征,其中,蜜蜂和蚕是典型的代表。人们常将蜜蜂视为甜蜜和勤劳的化身,将蚕喻为无私的奉献者,并将两虫视为婚礼中的吉祥虫。

如中国拉古族人有捕蜂制成蜂蜡烛的习俗,在举行婚礼时,一对新人一定要点燃一两支蜂蜡烛,以喻示他们婚后生活充满光明、甜蜜与幸福。中国的另一少数民族京族人在举行婚礼之日,要有一系列的"歌宴"来欢庆,据说其中最精彩的是"结义歌",其中男女对唱段"我俩犹如蚕虫,共吃一张桑叶,共一簇草吐丝"(男);"我俩犹如蜜蜂,一在窝内一在窝外(女)"……将象征婚姻的和和美美与甜甜蜜蜜的欢乐气氛推向高潮,增加了婚礼的情趣与热闹。

萤火虫轶事

▶ 囊萤夜读

▶ 萤火虫

"囊萤夜读"的故事可以说是脍炙人口,说的是1700年前,有位叫做车胤的穷孩子,读书很刻苦,连夜晚的时间也不肯放过,可是又买不起灯油,他就捉来一些萤火虫,装在能透光的纱布袋中照明读书。

有一天,大风大雨,没有办法捉到萤火虫,车胤就在家长叹:"老天不让我达到完成学习的目的啊!"一会儿,飞来一只特大的萤火虫,停在窗子上,照着他读书,读完后就飞走了。后来车胤竟成为有名的学者,这也算是萤火虫的一种实用价值吧。

萤火虫为人利用在国外也有记载。非洲有种萤火虫,个体大,发的光也亮,当地人捉来装入小笼,再把小笼固定在脚上,走夜路时可以照明。古代墨西哥海湾海盗很多,航海人不敢点灯,就用萤

火虫代替。南美洲的热带地区有种长约50毫米的巨萤,它发出的光像一颗大钻石那样闪烁耀眼。17世纪敌军在西印度群岛登陆偷袭西班牙军队时,发现林中由巨萤发出的无数"火光",以为是大炮上的火绳而急忙乘船逃走。无独有偶,20世纪初在台湾,有一天晚上日本侵略者看到远处有很多"灯火",以为当地居民起来造反,便连忙开炮,打了半天,竟无一点回响,后来才知道,"灯火"实为萤火虫。这件事被人们传为笑话。

360° 全景探秘

平静的昆虫世界

窈窕淑女——吉丁甲虫

"窈窕淑女,君子好逑",淑女似的吉丁虫自然受到了人们的青睐。吉丁虫科全世界约有13 000种,中国已知450多种。各种体型差异较大,小的不足1厘米,大的超过8厘米,大多数色彩绚丽异常,鞘翅在灯光或阳光下,能闪烁出灿烂的金属光泽,如同晶莹的珠宝。触角锯齿状,11节。前胸腹板发达,端部伸达中足基节间。

体形与叩头虫相似,但前胸与鞘翅相接处不凹下,前胸与中胸密接而无跃起构造。吉丁虫成虫喜欢阳光,白天活动,在树干的向阳部分容易发现,它们的飞翔能力极强,不易捕捉,但当它们在树干上栖息时,却很少爬动,是捕捉的好时机。令人遗憾的是它们的幼虫长得奇丑无比,而且专门蛀食树心,使之枯萎死亡。尽管如此,幼虫却是一味中药材,能治疗疾病,将功补过。

◆ 吉丁甲虫

趣味昆虫

蜜蜂也有很懒的

蜜蜂家族由工蜂、雄蜂和蜂王组成。蜂王负责生孩子和统治大家族，工蜂最辛苦，负责采花酿蜜。而雄蜂最懒，只知吃喝，不会采蜜，是蜂群中多余的懒汉。日子久了，就被驱逐出家。

是大坏蛋还是活雷锋

蝼蛄能疾走、游泳、飞行、挖洞和鸣叫，是"五项全能"的选手。它是大害虫，又是治病的良药，还是让房子给孩子住的慈母。这个家伙，本领高强，好事坏事都做尽了！

萤火虫呼吸就发光

萤火虫腹部末端的皮肤下面，有一层黄色粉末。这里有几千个发光细胞。当萤火虫活动时，呼吸加快，体内吸进大量氧

◆ 雄蜂

气，氧气通过小气管进入发光细胞，细胞内的荧光素就会活化，产生生物氧化反应而发光。萤火虫一呼一吸，光就一明一暗。要是日光灯老这样闪，早就坏掉了！

白蚁变白银

◆ 白蚁

《岭南杂记》上记载着这么一个故事：公元1684年，一个金库发现几千两银子不见了。后来在墙壁下发现一些发亮的白色蛀粉，挖下去一看，原来是个白蚁窝，将白蚁放进炉中烧死，结果又炼出了白银。好办法，白蚁变成了白银！

◆ 长翅膀的白蚁

昆虫与世界地名之谜

世界上大大小小的地名多如牛毛,很多地名都来源于当地独特的自然风貌、经济特征、传统的民族文化或宗教信仰,还有美妙的神话传说等。然而有趣的是有些地名竟与昆虫结下了不解之缘!

蝴蝶国

巴拿马是中美洲东南部的一个国家。著名的巴拿马运河就贯穿该国境内中部的加通湖。

据说很早以前,加通湖畔到处都是翩翩起舞的蝴蝶,又因其形态美丽,色泽鲜艳,远远看去,飞舞的蝶群恰似一片花的海洋——蝶海!所以巴拿马有"蝴蝶国"之美称。在印第安方言里"巴拿马"就有蝴蝶的意思。虽然在印第安方言里还有鱼群的意思,也有巴拿马是大树的说法。但不管怎样,巴拿马这个地名总算与昆虫有点联系吧!

◆ 翩翩起舞的蝴蝶

蚊虫海岸

尼加拉瓜是中美洲中部的一个国家,境内东部沿海地区为低湿平原。因地处热带,气温高,雨量充沛,植被丰富,杂草丛生,给蚊虫繁殖生存创造了优越条件,以致该地区蚊虫十分猖獗。所以整个东海岸地区就被称为马斯奎托斯海岸,在英语中是蚊虫的意思,因此翻译为蚊虫海岸。

蝴蝶泉

云南大理的"蝴蝶泉"是中国著名的旅游景点之一。蝴蝶泉边有一棵歪斜的古树,树下是碧绿的泉水。每年春末夏初,五彩缤纷的蝴蝶飞满古树枝头,其中以粉蝶、蛱蝶和凤蝶为多。它们相互追逐,再飘落成行垂挂于树枝上,似飞舞的彩带,因而有了"蝴蝶泉"的美名。

千蝶谷

台北的"千蝶谷"是养殖蝴蝶最成功的地方,在这里种植有四五万株蜜源植物,常可以吸引四十多种、成千上万只蝴蝶前来访花吸蜜。"蝴蝶舞啊,蝴蝶狂,常与百花争芬芳"是这里的真实写照。

气象哨兵之谜

◆ 聚集低飞的蜻蜓

你听说过昆虫中有气象哨兵,能对气候的变化进行预报的吗?

有经验的人,能根据某些昆虫的活动情况或鸣声,预测短期内的天气变化及时令。例如众多蜻蜓低飞捕食,预示几小时后将有大雨或暴雨。原因是降雨之前气压低,一些小虫子便飞得低,蜻蜓为了捕食小虫,所以也飞得低。

蚂蚁对气候的变化也特别敏感,它们能预感到未来几天内的天气变化。例如小黑蚂蚁外出觅食,巢门不封口,预示24小时之内天气良好;各种蚂蚁下午五时仍不回巢,黄蚂蚁含土筑坝,围着巢门口,估计四五天后有连续四天以上阴雨;小黑蚂蚁连续四天筑坝,预示未来将有一次冷空气到来等。

四、神奇的昆虫世界

使人跳舞的狼蛛

有少数种类的蜘蛛是有毒的。据说,狼蛛的一刺能使人痉挛而疯狂地跳舞,但是只有音乐能治疗这种病,并且只有固定的几首曲子治疗这种病特别灵验。也许是因为狼蛛的刺能刺激神经,使被刺的人疯狂,而音乐能使他们镇定,剧烈地跳舞又使被刺中的人出汗,从而把毒排出体外。

黑肚狼蛛的腹部长着黑色的绒毛和褐色的条纹,腿部有一圈圈灰色和白色的斑纹。它喜欢住在长着百里香的干燥沙地上,居所大约一尺深,一寸宽,是它们用自己的毒牙挖成的,洞的边缘有一堵用稻草和各种废料的碎片筑成的矮墙。

有的科学家在洞口舞动一根小穗,模仿蜜蜂的嗡嗡声。狼蛛爬到

◆ 狼蛛—埃及

最不可思议的昆虫帝国
ZUIBUKESIYIDEKUNCHONGDIGUO

一半嗅出不是猎物，于是一动不动地停在半途，充满戒心地望着洞外。于是科学家又找了一只瓶口和洞口一样大的瓶子，把一只土蜂装在瓶子里，然后把瓶口罩在洞口上。土蜂嗡嗡直叫，歇斯底里地撞击瓶子，想冲出去。当它发现有一个洞口的时候，便毫不犹豫地飞进去了。而狼蛛也正匆匆往上赶，于是它们在洞的拐弯处相撞了。不久里面传来一阵死亡的惨叫。科学家把土蜂拖出来，它已经死了。

狼蛛的毒素是一种相当厉害的暗器。据试验，让一只狼蛛咬一只羽毛刚长好的将要出巢的小麻雀，麻雀的伤口被一个红圈圈着，一会儿变成了紫色，而且这条腿已经不能用了。除此之外，小麻雀好像也没什么痛苦，胃口依然很好。12小时后，伤情仍然很稳定。两天后，它不吃东西了，羽毛零乱，身体缩成一个球，有时一动不动，有时发出一阵痉挛，不久就死去了。所以，以后千万要小心戒备，不要被狼蛛咬到。

360° 全景探秘 >>>>

最不可思议的昆虫帝国
ZUIBUKESIYIDEKUNCHONGDIGUO

北极昆虫

　　昆虫主要生活在热带和温带地区，在北极生活的总共不过几千种，主要有苍蝇、蚊子、螨、蠓、蜘蛛和蜈蚣等。大的动物和鸟类可以靠身上的长绒毛和羽毛抵御严寒，或者当隆冬来临时，迁徙他方暂避一时，但昆虫既无长距离迁徙的能力，又永远赤身裸体，它们怎样度过北极严酷的冬季呢？实际上，绝大多数昆虫一年中大约有9个月的时间身体处于冷冻状态。它们休眠于土壤、泥巴或沼泽里，和周围的物质冻在一起。它们既不用担心天敌的侵扰，也不必劳神去找东西吃，只管放心大胆地睡大觉，这是热带和温带的昆虫们永远也享受不到的生活。

　　而对居住在北极的人们，特别是深入野外考察的科学工作者来说，有些昆虫是相当可怕的。例如北极蚊子，常常聚成大群，像一片流动的乌云，哄然而至，轮番叮咬，往往能置人于死地。还有一种嗅觉灵敏的黑蝇，老远闻到人的气味，就成群结队地飞来，亡命徒似地缠住目标。它那钢针一般的嘴连脚上的老皮也能叮透，然后扎进肉里，吸食血液，并且吐出一种毒汁，使你身上起一个大包，疼痛肿胀，甚至溃烂，相当可怕。

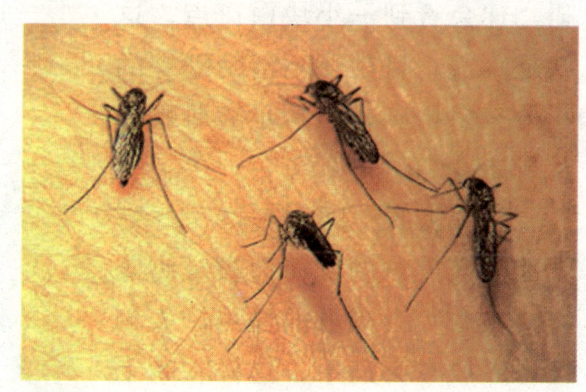

◆北极蚊子

昆虫歌星

◆ 蟋蟀

"唧唧唧，唧唧唧……"那是什么声音？是蟋蟀。蟋蟀成虫整日呆在石头下的狭缝中、土块或者草丛里。晚上是雄蟋蟀用小夜曲吸引雌蟋蟀的时候。雄蟋蟀的翅膀前侧下部有个沉重的翅脉和一排牙齿。相对于其他翅膀的内面，翅膀顶端用作刮刀，就像梳子齿伸出的指甲。翅膀举起时，翅膀隔膜就像传声板。喳喳的音调比钢琴的最高八度音阶略高。嚓嚓声受气温影响。晚上越暖和，唧唧叫的速度越快。求爱、打架和报警的叫声都不一样。蟋蟀有只特殊的耳鼓，如果你仔细瞧瞧它的下前腿，你会看到一小块白斑点，这就是耳鼓。目前还不清楚蟋蟀的听力有多精确，但是足够雌蟋蟀听到雄蟋蟀的歌声了。

在古代的中国和日本，蟋蟀就因为其美妙的旋律而被视为宠物，被誉为会唱歌的昆虫。人们把蟋蟀放在卧室中，这样在晚上就能听到小夜曲。

有趣的蝼蛄"方言"之谜

蝼蛄也叫喇喇蛄，是一种在土里钻来钻去咬食作物根部的地下农业害虫，主要在晚间活动，并时常发出一片咕咕的鸣声，这种声音可全是男声合唱，因为只有雄蝼蛄的翅膀才能摩擦出声音来，其实它们是在唱情歌，以招蝼蛄姑娘前来幽会，生儿育女呢。

中国的昆虫学家为了消灭蝼蛄，减少它们对农作物的危害，最近试验了一种声诱法，就是用灵敏的录音机将雄蝼蛄唱的情歌录下来，需要时就在晚间于田野中以大音量播放，果然蝼蛄姑娘成群结队地奔向录音机。这种方法十分方便，又很容易地保护了农作物。

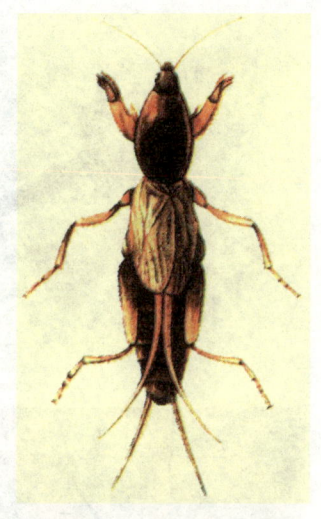

◆ 蝼蛄

可是，昆虫学家们在各地播放蝼蛄情歌时，却发现各地"听众"多寡不一。北京蝼蛄小伙子唱的情歌磁带在北京附近播放时，可深得雌方欢心，但是放到河南播放，却得不到青睐，原来那里的姑娘听不懂或不爱听北京情歌。发现了蝼蛄方言上的差别，所以现在录制歌声，一定要在磁带盒上注明演唱者的籍贯，以免使用时影响效益。

◆ 非洲蝼蛄

头长"天线"蜻蜓之谜

福州华侨塑料二厂的陈先生,在办公室抓到两只奇怪的"蜻蜓"。这两只小"蜻蜓"身长6～7厘米,头上长着一对足有4厘米长的"天线","天线"较细,顶端还长着两个像"小眼睛"一样的圆形小黑点。陈先生说,他见过昆虫无数,但如此长着"天线"的蜻蜓还是头一回见。

据福建农林大学生物防治研究所吴梅香老师介绍,两只小家伙很可能是蝶角蛉,一种翅膀、尾巴等外形极像蜻蜓,长着棍棒状触须的昆虫。据介绍,这类昆虫一般生活在福建山林地带。

◆ 蝶角蛉

昆虫王国中的骗子

毛 虫

毛虫柔软多汁,是许多动物渴望的美餐,因而面临的敌人数不胜数,所以毛虫善于伪装,是当之无愧的伪装大师。如果它伪装成鸟粪一样的东西,绝对可以躲过许多灾难。还有一些毛虫擅长偷窃,它们从植物中窃取毒素,从而拥有致命的毒刺,当情况危急时,毛虫会做出凶恶无比的假象以阻止敌人的攻击。但是,生活在夏威夷的一种毛虫,却是狡猾的杀手。它们是世界上唯一吃肉的毛虫,而伪装竟是它们行凶的幌子。

◆ 毛虫

萤火虫

雌性萤火虫虽然没有翅膀，但是却可以安静地蹲伏在某处发光，邀请雄性来到它身边。这种美妙的交流方式，在昆虫世界里是难得一见的。北美大约有136种萤火虫，它们不仅都有自己的光亮，而且光的形状、闪光的间隔也互不相同，这就给雄性带来了灾难，凶手就是一种诡计多端的雌性萤火虫。这种雌性萤火虫善于模仿其他种类的萤火虫的闪光密码，因此，可以通过发光向任何经过的雄性发出邀请。面对邀请雄性毫不犹豫地飞到雌性身旁，

◆ 萤火虫

神奇的
昆虫世界

却没有想到自己会变成别人的美餐。但是，利用视觉信号吸引雄性的不只是萤火虫。

几个世纪以来，我们一直在利用人造化学制品增强对异性的吸引力。这些化学物品使我们充满了迷人魅力。现在英国的研究人员研制出一种信息素擦拭品，制造商称可以增加你的性信息素，使你在舞池中具有难以察觉的优势。

昆虫的世界之最

抓举冠军

◆ 金龟子

吊车的威力人人皆知，但是真正的抓举冠军并不是吊车，而是靠在空中飞翔捕捉其他有害小虫为生的蜻蜓、金龟子和盗虻。

有人作过这样的实验：用线捆好蜻蜓的胸部，让它抓住相当于体重20倍的食物，然后慢慢提起，蜻蜓竟能靠足的抓力，抱紧食物，达15分钟。

◆ 蜻蜓

◇ 盗虻

大花金龟也可以抓起比自身重量大53倍的重物。盗虻也不示弱,能捕捉到比自身长1倍、重2倍的负蝗。

昆虫不但抓举能力强,而且抓得很牢固,如果想把它抓住的食物拿掉,并不容易,若强行夺取,有时甚至将腿拉断它也不肯松开。

跳高跳远名将

跳蚤虽然其貌不扬,但是一只普通跳蚤一跳可达20～30厘米,是体长的200倍,相当于人跳跃360米左右的高度,可谓跳高健将。而且,跳蚤能跳50厘米远,堪称昆虫中的跳远冠军。

◆ 负蝗

最不可思议的昆虫帝国

◆ 黄条跳甲

黄条跳甲背上有两条黄色竖纹,像11号运动员。它六条腿用力一蹬,就能轻易跳过45厘米高的横杆,超过身高250多倍,是昆虫中的跳高冠军。

其实跳蚤根本不会跳,因为跳蚤的祖先是一种有翅昆虫,翅膀中富含一种有弹性的胶状蛋白质,进化成跳蚤后,胶状蛋白质聚集于后足的肌肉纤维中。肌肉绷紧后,胶状蛋白质收缩因而产生巨大爆发力,于是跳蚤就像离弦之箭被弹射出去。由此可见,跳蚤不是跳跃,而是弹跃。

五项全能

◆ 大螳螂

在昆虫中,像蝼蛄一样能够把疾走、游泳、飞行、挖洞和鸣叫集于一身的昆虫,可以说是绝无仅有,虽说它样样不精,难以获得单项冠军,但还称得上是"五项全能"的好手。插秧季节,蝼蛄的家园被大水冲毁,于是它们纷纷逃命。有的在水面游泳,有的在田埂疾走,晚上还会

朝灯光处飞行,真是"海陆空"全能型健将。

　　蝼蛄挖洞的能力非常强大,它们挖的地下隧道,浅的有6~7厘米,深的可达150厘米,且一夜间就能挖掘200~300厘米长。这些地下隧道,洞中套洞,洞洞相连,还筑有产卵房、育婴室和储粮仓。除此以外,蝼蛄还会鸣叫呢!不过那纯粹是雄虫的求爱信号,难登大雅之堂。

力拖千斤

　　人们都知道马的拉力很大,一匹重0.7吨的好马,在良好的路面上,用四轮车可拉3.5吨的货物,相当于自身重量的5倍。然而一只体重仅有0.5克,俗名叫耳夹子虫的大蠼螋,用线拴住尾部的夹子,在平滑的地面上,竟然可拖动一辆170克的玩具小空车快速前行。把空车重量增加到265克,还可勉强拖着走,它所拖的重量相当于自身重量的500倍!

"暴牙"怪虫之谜

一位游客在北京怀柔游玩时，意外发现一只十多厘米长的怪异飞虫。它的头部前端朝前伸出两只内曲的巨颚，面目可怖，通体呈灰褐色，上有黑色花纹。扁平的头部接近圆形，两只眼睛突出在头部左右，强有力的双颚向前弯出近1厘米。这只昆虫的胸节很短而且偏细，六条腿长而有力。背后长着四只半透明的宽大翅膀。腹部占到身长的四分之三。

这位游人说："我常到郊区办事，从没见过这种昆虫，我问了一下周围的人，也没人认识。希望研究昆虫的专家来给辨认一下。它到底是不是害虫啊？"

这种"暴牙"怪虫的确非常少见，目前没有人能真正说清楚它的来历。

◆ "暴牙"怪虫

"培养"诺贝尔奖得主的小昆虫——果蝇

果蝇以发酵烂水果上的酵母为食,广泛分布于世界各温带地区。果蝇具有生活周期短、容易饲养、繁殖力强、染色体数目少而易于观察等特点,因而是遗传学研究的最佳材料。然而谁能想到,就是这种红眼、双翅、羽状触角芒、身体分节、黄褐色的小昆虫,在近百年间竟然"培养"出了好几位获得诺贝尔奖的大科学家!

◆ 果蝇

早在1908年遗传学家摩尔根就把果蝇带上了遗传学研究的历史舞台,约在此后30年的时间中,果蝇成为经典遗传学的"主角"。科学家不仅用它证实了孟德尔定律,而且还发现了果蝇白眼突变的性连锁遗传,提出了基因在染色体上直线排列以及连锁交换定律。摩尔根1933年因此被授予诺贝尔奖。1946年,摩尔根的学生,被誉为"果蝇的突变大师"的米勒,证明X射线能使果蝇的突变率提高150倍,因而成为诺贝尔奖获得者。1995年,诺贝尔奖再次授予三位在果蝇研究中辛勤耕耘的科学家。果蝇为进一步阐明基因—神经(脑)—行为之间关系的研究提供了理想的动物模型。

作为经典的模式生物,果蝇在21世纪的遗传学研究中将发挥着更加巨大而不可替代的作用。

天牛之最

浑身长刺毛——毛簇天牛

毛簇天牛体长23~34毫米；宽9~13.5毫米，基底黑色，全身披棕褐至棕红色绒毛。头、胸、鞘翅、腿节及体腹面夹杂有白色绒毛小点。触角黄褐色披棕红或金黄色绒毛，柄节端部下缘有少许丛毛，其余部分散生几根黑色细长毛，小盾片披棕褐色毛。鞘翅宽阔，端缘平切或微呈凹缘，每个鞘翅有很多成束状黑色长竖毛，复眼下叶稍长于颊；触角粗壮，雄虫触角稍长于鞘翅，雌虫触角则达鞘翅末端，柄节较长、粗大。前胸背板宽大于长，侧刺突较粗大，中区有几个瘤状突起。中胸腹板凸片的瘤突隆得较高，雌虫腹部末节后端中央微凹，凹面光滑无毛。足较粗壮。主要分布在中国的四川、云南以及印度、缅甸、泰国、越南、老挝。

奇形怪状——畸腿半鞘天牛

这种天牛外形似蜂类，极为珍稀。体长10~14毫米，宽2.5~3毫米。

雄虫身体大部分呈黑色,足腿节的细柄、胫节及腹部深黄褐色,触角较长。雌虫身体大部赤褐色,头部狭小,密布粗皱刻点,后头中央光滑。前胸背板宽略大于长,中区有3个光滑的突起,两侧各有1个小突起,突起之间的凹陷部有明显刻点。鞘翅短,仅达腹部第1节基部;背面中部凹陷,有刻点4行,外侧隆起,有刻点2行。腹部几乎光滑,刻点极微小;雄虫腹部第1和第2节长度等于其余各节之和,末节后缘深凹;雌虫第1腹节最长,等于其余各节之和,第2节中部后方有新月形凹陷,其上密生金黄色细毛。足腿节端半部膨大,后足腿节最膨大,近球形,密生粗黑毛;基半部呈细柄;胫节内、外侧具金黄色浓密粗毛。主要分布在中国的浙江、广西一带。

鞘翅短缩——冷杉小天牛

普通天牛的鞘翅一般都能盖住整个腹部,但也有少数天牛的鞘翅只能盖住腹部前面1~2节,冷杉小天牛就是一种。这种小天牛长7.5~10.5毫米,宽2~2.5毫米。身体呈黑色,触角、鞘翅及足红褐色,背面披有淡褐色疏松的长毛。头与前胸前端等宽,刻点小;额平,触角间有浅的纵沟。触角长,前胸长大于宽,后端稍窄于前端,后端前面紧缩并具一条横沟,侧刺突小而钝;前胸背板刻点粗密,略呈皱状,中域有5个微具刻点的圆形隆起。鞘翅短缩,长度达第一腹节中央,基端阔,末端窄;翅面刻点大而疏,在中央稍靠后有一条乳白色纵纹斜伸向后方,两侧对称呈倒八字形。足细,腿节末端突然膨大。这种天牛主要寄生在冷杉上,分布在中国的东北、陕西南部及西伯利亚、朝鲜、日本和欧洲。

◆ 畸腿半鞘天牛

◆ 冷杉小天牛

◆ 木棉天牛

独具魅力——木棉天牛

木棉天牛是天牛中最美丽的一种，长27～42毫米，宽8～13.6毫米。体背面橄榄绿，有时绿中带蓝色。腹面底色紫黑，披红与蓝色绒毛。触角蓝绿色闪光，生有多丛黑毛，柄节下缘簇毛也很密。前胸背板宽胜于长，两侧各有一小刺突，刺前有一个瘤状突；前胸背板的前、后缘区生有朱红色绒毛。

每一鞘翅上有3条横黑斑，除翅基丛毛外，黑斑均由黑丝绒式的绒毛组成。腹面的朱红色绒毛极为显著，密布在前、中胸腹板的一部分和后胸腹板的绝大部分；此外，体上还被有疏密不一的极细的金属色粉毛；反映出绿、蓝或紫铜色彩，这些粉毛只有在高倍显微镜下才看得清楚。这类天牛的主要寄主植物为木棉，分布于中国的川西、云南、广东、广西以及越南、缅甸、喜马拉雅亚山和印度北部。

最不可思议的昆虫帝国

五、恐怖的昆虫世界

昆虫坏名声之谜

有些昆虫,自出生以来就背负着坏名声。

双翅目昆虫分布范围广,取食范围也极广,包括菌类、人血等。它们的幼虫多半在水中或潮湿地方生活,成虫主要以刺吸或者舐吸的口器来吃液体食物。这类昆虫中的蝇类、蚊类,名声实在很坏,令人既恨又怕。它们对人类和家畜造成的损害很大,严重时可致命,即使不严重也是讨厌的骚扰者。

双翅目下的食虫虻科、虻科、蜂虻科、鹬虻科以及尸蝇等短角亚目昆虫,触角都比胸部短,一般都是嗜血的昆虫。短角亚目的昆虫比长角亚目(蚊类)在进化程序中出现较晚,因

◆ 苍蝇

◆ 蚊子

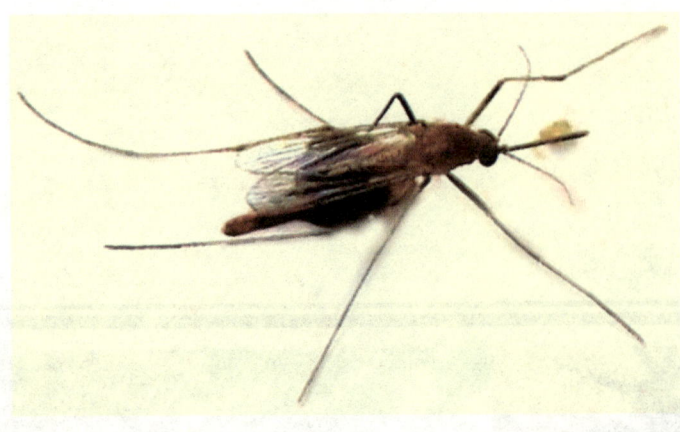

此更能适应环境，飞得更快，身体更粗壮。有些蝇类以各种动物的血以及其他昆虫为食物，它们生长的口器可以像海绵一样吸收液体。如果它想吃的东西太干，就从腹中吐出些液体把东西弄湿。这个办法使它对人畜的健康大有威胁。苍蝇停在人类食物上时，会吐出它在其他地方吃下的液体，而那很可能是含病菌的粪便。嗜血的马胃蝇、牛皮蝇等产卵在家畜皮肤上，细虫寄生于体中，是家畜疾病的主要传染者。

苍蝇能传播霍乱、痢疾等传染病，已是大家熟知的常识。另外一些蝇类也能传播疾病，例如产于非洲的采采蝇，可以在人类及家畜之间传播昏睡病。它们吸取患病的人畜的血液，血中有一种锥体鞭毛虫，然后再咬其他人畜时把鞭毛虫吐进，使受传染。

双翅目的长角亚目都有长长的触角，这一亚目的蚊子、蚋等是对人畜很有害的昆虫。

蚋体型很小，但叮起来非常凶猛，往往大群出动，几小时就可以把家畜叮死。蚊子是人类的第一号敌人，有史以来的人类中，有差不多一

◆ 马胃蝇

◆ 蚋成虫

半是死于蚊子之口。有些种属的蚊子传播疟疾，有些传播黄热病、骨热病等，还有些能传播脑炎和丝虫病。

虽然蚊子本身的成长和能量来源是植物性的食物，但是许多种蚊类的雌蚊，却需要吸取脊椎动物的血，以储备蛋白质为蚊卵之用。当它吸取一个患病动物的血液时，它自己也会被感染。它再叮人畜时，尖锐的口器插入皮肤后，分泌的唾液中就带有致病的病菌或病毒，能使皮肤局部麻木，红肿发痒。

食毛目昆虫无翅，身体扁平，足很短，多数是在鸟类身上生活的外寄生昆虫，有些食毛目昆虫喜欢吸食家畜。虱目昆虫是附在哺乳动物（包括人类在内）身上生活的寄生虫，并且会传染回归热及斑疹伤寒等病症，给人类带来很大危险。

跳蚤是强壮而微小的外寄生昆虫，本身成为一目，叫做蚤目。跳蚤也是最使温血动物感觉不舒服的一类害虫。它可以跃过很远的距离。身体扁平，腿强健，口部尖锐，适宜刺入动物皮肤内部，吮吸血液。

以上介绍的这些昆虫都是对人类和其他动植物有危害的昆虫，我们大家都希望采取最佳的方法把它们消灭掉。

杀人蚁北伐之谜

蚁患带给人类的危害丝毫不亚于地震、火山爆发、熔岩等自然灾害。凡是经历过蚁患的人，相信永远都不会忘记。

杀戮成性的火蚁唯一畏惧的是美国北部的寒冷天气。但火蚁的杂交变种具有更强的耐寒能力。

1918年，一群原籍南美的偷渡者越过重洋，侵入美国南部海岸。从此以后，这些恐怖的黑色入侵者和它们红色的表亲生息繁衍，浩浩荡荡一路北上。它们杀戮昆虫，蜇死人畜，无恶不作，势不可挡。这些入侵者就是被形容为"刽子手"的外来黑火蚁和红火蚁。

在火蚁占领区行走时，被蜇咬似乎成了难以避免的事。人被蜇咬以后会有火烧火燎的感觉，蜇咬本身并不致命，要命的是由此产生的感染。对火蚁毒素过敏的人会恶心，头晕眼花，全身发抖，甚至死亡。

◆ 火蚁

◆ 火蚁

美国专家曾一度认为,田纳西州的严冬将毫不费力地把火蚁拒之门外。然而,最近研究发现:一种杂交蚁种在寒冷中存活的时间比它们的父母都长,80%的杂交火蚁在0℃的气温中存活了7天以上,而它们的父辈却只有20%～40%幸存。

当唯一能够有效阻止这些"外来移民"扩张的寒冷不再起作用时,它们大举北伐的日子就不远了。

◆ 成群的红火蚁

面目狰狞的巨无霸之谜

广州市白云区出现一只奇异的大蜘蛛。此蜘蛛有拳头大,身长约10厘米,伸开爪子足有20厘米,足部如吸管般粗。广东省昆虫研究所有关专家惊奇地表示,此蛛之大在广州确属罕见,其真正身份目前尚难以判明。

大蜘蛛现身

据廖先生讲,一天下午,他在自家的店门外的小水沟旁,发现一只黑乎乎毛茸茸的"老鼠"在水沟边旁若无人的爬动,定眼一看,竟是一只巨大无比的大蜘蛛。大蜘蛛浑身长满毛,八只腿粗大无比赛过饮料吸管,前面两只大脚不断在空中舞动向周围人"示威"!廖先生拿出捕捉老鼠的大铁笼,敞开"大门"摆到巨蛛的面前,巨蛛慢慢爬进了鼠笼。

◆ 广州出现的奇异大蜘蛛

最不可思议的昆虫帝国

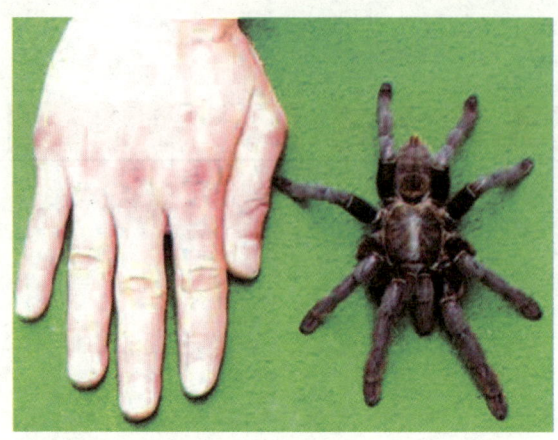

◆ 奇异的大蜘蛛

面目狰狞身生长毛

该蜘蛛背状如乌龟壳，尾部如一枚大枣，八只大脚粗硕无比赛过老鼠尾巴，每个大脚的末端可清晰地看到一对锐利的钩子，巨蛛口部的大獠牙足有1厘米长，浑身上下均生长着一层两毫米左右的毛发。

巨蛛八只脚伸开足有20厘米长，宽约15厘米，高约2厘米，体积约达600立方厘米。不少村民说，他们是平生第一次见到这么大的蜘蛛。

难断巨蛛来历

广东省昆虫研究所的一位昆虫专家见到巨蛛后大为惊异，表示这么"大个头"的蜘蛛还是头一次见到。该专家已确定其为蜘蛛，但究竟属于哪一类，目前尚难以论定。广东省昆虫研究所的有关人士当天下午联系有关昆虫鉴定的权威人士未果，"巨无霸"蜘蛛留下重重悬疑：巨蛛为什么会现身广州？它的现身预示着什么？是否和当地的环境、气候变异有必然联系？一切都还是不解之谜。

毁坏森林的元凶

松毛虫属鳞翅目枯叶蛾科,其幼虫周身长满了长毛,专门取食松叶,是针叶林十余种松树的大敌。中国从南到北都有松毛虫的危害,主要的松毛虫有马尾松毛虫、云南松毛虫、油松毛虫、赤松毛虫、落叶松毛虫等6种。

松树受害后,长势受损,甚至衰萎枯死。松毛虫不但严重破坏森林资源,也使收割松

◆ 云南松毛虫

◆ 毛虫

◆ 各种各样的毛虫

◆ 落叶松毛虫

◆ 遭受松毛虫危害的山林

脂的副业生产受到损失。

浙江、山东、河北等二十余个省市已遭到严重危害，近期每年虫害面积仍有200.1万～266.8公倾，仅木材一项约损失50万立方米。

昆虫与高科技恩怨趣谈

"臭虫"与电脑

如果有电脑人员对你说："这电脑里有臭虫。"你千万别信以为真而热心地拿杀虫剂帮他驱除臭虫。这里所说的"臭虫"为科技行话，指电脑发生的小故障，例如程序运行不顺等！到底臭虫是怎么跟电脑科技扯上关系的呢？

美国《发现》月刊总编辑保罗·贺夫曼调查发现，首先用臭虫代表科技小故障的竟是发明大王爱迪生。1878年11月13日，爱迪生在寄给友人的一封信里，把臭虫定义为小小障碍与困难。但是为什么把两者挂钩画等号，就只有他本人最清楚了！

飞蛾与天文台

1945年，美国海军一台称为"马克Ⅱ"的巨型电子机械计算机，曾经被两只飞蛾"侵入"而发生故障。当然，飞蛾也牺牲了。

飞蛾本身的特性使它们显得非常

◆ "入侵"天文台的飞蛾

顽皮——天文台观星月的望远镜,常是它们干扰的对象。夜间飞行,天上的星月之光是它们的导游,而天文台望远镜设备等所有夜间反光的镜片,都会使飞蛾误以为光来自天上而纷纷飞扑天文台。1980年春天,美国亚利桑那州霍金斯山的天文台,其多镜头望远镜竟引来成群飞蛾,搞得"满台风雨"。

◆ 高科技害怕的昆虫–蟑螂

黄蜂与航空专家

除飞蛾之外,高科技设备害怕的另一种昆虫要算蟑螂了。

日本人发现,电脑有时会成为蟑螂的游乐场,有时是安乐窝。但并不是所有的六脚昆虫皆是科技大敌,黄蜂、蜻蜓以及蜘蛛就是益虫。黄蜂振翅的频率可达每秒400次,因而产生的浮力比一般飞机强5~6倍。

于是,美国南加州大学的研究人员把黄蜂列为研究对象,以制造灵活性更强的飞机。蜻蜓临空翱翔,能停于半空,其能进退左右的飞行能力,也是航空专家设计飞机的参考。

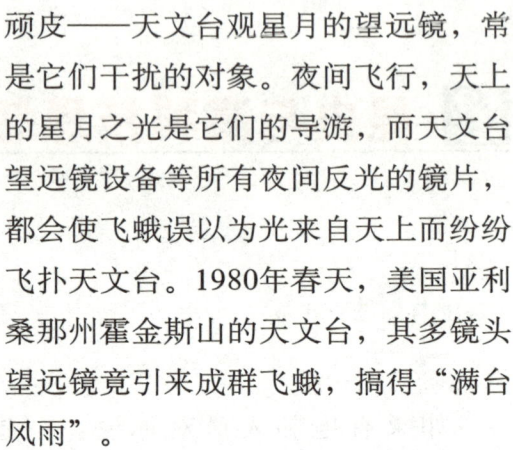

◆ 黄蜂

吸血鬼之谜

跳蚤

跳蚤的身体虽然只有芝麻粒大,可是它吸起血来却非常凶残。不同种类的跳蚤一天内吸血的次数和吸血量各不相同,有一种头蚤24小时的吸血量多达13～17毫升,足足超过其体重的20～30倍,简直称得上是吸血鬼了。由于多种病原体能在跳蚤体内保存和繁殖,因此,它不仅以叮咬和吸血对人们造成伤害,更重要的是它们传播疾病。如果跳蚤吸了带有鼠疫细菌的血液后再吸正常人的血时,鼠疫细菌就会进入人体,使人患上鼠疫。跳蚤在吸食人血时还可能把粪便排在人的皮肤上,其中也含有大量的鼠疫细菌。

虱子

虱子不仅吸血危害,而且使寄主奇痒不安,并能传染很多重要的人畜疾病。

由虱子传播的回归热是世界性的疾病,其病原体是一种螺旋体。虱子的寿命大约有六个星期,每一雌虱每天约产10粒卵,卵坚固地黏附在人的毛发或衣服上。八天左右小虱子孵出,并立刻咬人吸血。虱子一生都过着这种吸食寄主血液的寄生生活。

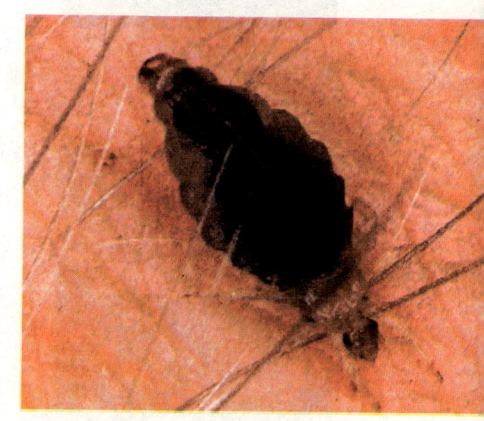

◆ 正在吸食人血的虱子

对人类有害的昆虫

庄稼的大敌

全世界危害庄稼的害虫约6000多种，害虫对农业生产造成的损失是相当惊人的，据估计，对野外生长的作物平均每年造成的损失为10%，室内贮藏物平均损失率为5%。

就中国稻作害虫一项来说，1950年损失4000余万担。因此与害虫作斗争，从害虫口里夺回粮食是农业生产上极为重要的措施。

蚜虫为什么这样厉害

◆ 蚜虫

蚜虫又叫腻虫、旱虫、蜜虫、蚊虫等，除五倍子蚜是益虫外，其余都是毁灭性的害虫。所有林木果树、花卉、蔬菜、粮棉和油料等作物的根、茎、叶、树皮、嫩芽、花、果实，几乎没有它不危害的。蚜虫用口器刺入植物的组织，吸取植物的汁液，致使被害植物卷叶、凋萎、严重时甚至枯死。

如烟蚜危害烟草使植株生长缓慢，烟叶

品质降低，叶片烘烤后呈黑褐色，吸水力差，严重影响收成。蚜虫分泌的蜜露（粪便）还能诱发霉菌。同时，蚜虫还是各种植物病毒病的传播者。蚜虫危害严重，是因为它能以多样的生活方式去适应不同的生活环境。在气候温暖的南方可以不越冬，一年四季以有翅或无翅孤雌胎生蚜繁殖后代，即不需要与雄蚜交配受精而产生下代，卵在母体内发育成熟，生下来就是小蚜虫。蚜虫发育速度极快，七八天就可完成一个时代，因而生殖能力极强，平均一头烟蚜可产生七十多头后代；再加上蚜虫食物广泛，所以发生普遍、危害严重，成为世界性的重要害虫。

◆ 危害植物的蚜虫

居家生活的大敌

每个家庭居室或多或少都有害虫。只要你在久藏不常翻动的书籍或纸张里检查一下，你就会见到有小虫在爬动。如果不常穿的毛呢衣服里有蛀孔，那肯定有蛀虫藏在衣箱里。甚至久藏未食的白糖里也有虫，至于庭园花木上的虫子，那更是大家常见的。

令人讨厌的偷油婆

◆ 德国小蟑螂

◆ 日本大蜚蠊

蟑螂的危害

蟑螂，俗称偷油婆、香娘子、花虫……它的正式名字叫蜚蠊。这类昆虫广布世界，尤以热带为多。蟑螂躯体扁平，呈棕色、棕黑色、褐色或黄褐色，具有金属光泽，头前有两根细长的触角，发出阵阵难闻的臭味。

蟑螂取食的家庭食物不下几十种。尤其嗜好淀粉、糖类、蔬菜等湿度较高的食物，还喜食茯苓、菊花、当归等中药材；粪便、痰汁，腐烂小动物的尸体也是它的佳肴。除此，还常咬坏衣物，钻进收音机、电视机，咬坏电线包皮，甚至咬食婴儿的指甲和睫毛，在它们爬行和取食过的地方常排泄许多肮脏的粪便，遗留下恶心的臭味，因此引起人们的憎恨。

蟑螂是许多人类疾病的传播者。已知蟑螂能携带伤寒杆菌，据统计，每只蟑螂的触角、足及胃内的含菌量可高达13 370个。此外，蟑螂体内还带有钩虫、蛔虫及鞭毛虫等

人体寄生虫卵，它们可通过接触、取食、排泄粪便而污染食物，传播疾病。近些年来，国内外还有传闻，美洲大蟑螂的粪便可以致癌。

不过，有一种叫"中华真地鳖"的蜚蠊，我们要给予保护。它的雌虫就是著名的中药"土鳖"，味咸性寒有毒，有破血逐瘀散结的作用，主治血滞、闭经及跌打损伤等病。

蟑螂的种类

一般人把所见到的蟑螂统统认为是一种。事实上，蟑螂这一家族现存的种类，全世界不少于10 000种。中国有记录的也已超过200种。如果你细心观察，就会发现室内的蟑螂，有大有小，有长翅有短翅，盖在头和前胸上的那块又大又阔的前胸背板，有的漆黑一团，有的有两条褐色纵带，有的组成花斑、图案，还有的凹凸不平……所有这些标志可以说明它们并不是同一种。现在的研究指出，室内危害的蟑螂有几十种之多。中国各地也不尽一样，最常见的有：美洲大蟑螂、黑胸大蟑螂、澳洲大蟑螂、日本大蟑螂、斑蟑螂和德国小蟑螂等。

最不可思议的昆虫帝国

悠久的历史

翻开蟑螂的家谱，我们会惊异地发现蟑螂的家史。据美国科学家用碳14对两块蟑螂化石的检验，确定它们已有三亿年的历史了。更令人难以置信的是，三亿年前的蟑螂与今天现存的蟑螂，在形态上是那样的雷同，变异是那样的微弱，不能不叫人感叹：蟑螂生命力是多么顽强啊！难怪它有"昆虫活化石"之称。

吸血的虻

最能吸血的昆虫可能就是分布各地的虻了。曾经有一个国家为了破坏邻国的经济建设，把大批患有马传染性贫血病的马匹集中赶到两国的界河上。马传染性贫血病是由一种过滤性病毒引起的，可造成马匹大量死亡。这种病的传播主要是由昆虫中双翅目的虻类通过吮吸马血，将病马的血带到健康马皮肤伤口上造成的。

虻类体型粗壮，飞翔力极强，外表极像一头特大号的苍蝇。体长6～30毫米。俗名叫瞎虻，因为它们飞翔时带着嗡嗡声又快又急，好像乱飞一样，但绝不是瞎飞乱撞。和其他吸血昆虫一样，只有雌虻才吸血。雌虻口器非常发达，它的上、下颚及口针都极锋利而发达。虻很贪食，一般虻一次吸血20～40毫升，特大型的种类一次可吸血200毫升。所以一群虻在叮咬牲畜时，常使牛马浑身血迹斑斑而狼狈奔逃。虻除了能传播马传染性贫血病外，还可传播其他很多种重要的

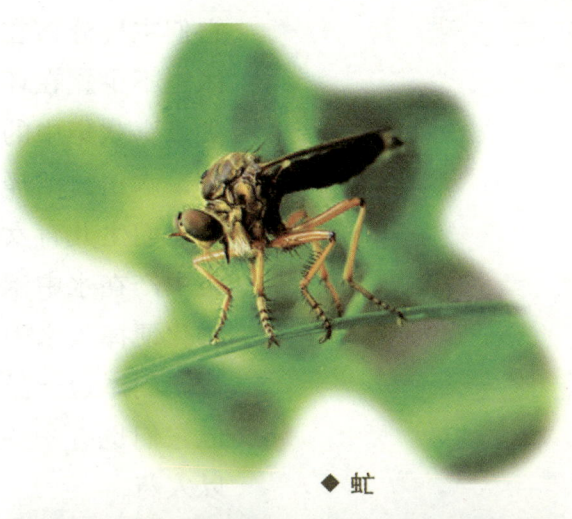

◆ 虻

人、畜疾病，如印度、泰国、马来西亚及中国台湾省等地流行于牛、犬之间的苏位病。此病50年代也曾在中国西北骆驼身上发生，造成的损失很大。

此外虻还可机械传播大家熟悉的炭疽病，另如在世界上传播较广的野兔热、丝虫病，马的腰麻痹病、脱拉病、睡眠病、拿干拿病、苏阿鲁病、媾疫病、大脑炎、小泡牲口炎等。

它们主要分布在热带、亚热带地区，温带地区也不少。在环境复杂多样的自然界中，虻类最喜欢集中的地方是近水而温度较高的地方，水田、沼泽地、苇坑、流水、静水附近是它们生儿育女的理想环境。它们往往将卵集中产在水中禾本科等植物的叶上，幼虫一孵化便掉入水中，在水下生活，待到化蛹时才游到岸边。虽然虻类是家畜的一大灾星，但它们也有一些用处，那就是它们的尸体可以入药。

最·不·可·思·议·的·昆·虫·帝·国

六、缤纷的昆虫世界

身材出众的螳螂

螳螂天生就有一副娴美而且优雅的身材,看上去它相当美丽,纤细而优雅的姿态,淡绿的体色,轻薄如纱的长翼。颈部是柔软的,头可以朝任何方向自由转动。只有这种昆虫能向各个方向凝视,真可谓是眼观六路,它甚至还有一个面孔。这一切都构成了这样一个小动物的温柔。古希腊的农夫们看见它半身直起,立在太阳灼烧的青草上,态度很庄严,宽阔的、轻纱般的薄翼,如面膜似的拖曳着,前腿形状如臂,伸向半空,好像是在祈祷的女尼,于是有人称呼它为祈祷的螳螂。然

◆ 身材出众的螳螂

而这个说法大错特错！在它温柔的面纱下，隐藏着十分吓人的杀气。那高举着的似乎是在祈祷的手臂，其实是最可怕的利刃，无论什么东西经过它身边，它都会原形毕露，加以捕杀。它真是凶猛如饿虎，残忍如妖魔，它是专食活的动物的。然而让你想不到的是，螳螂还是一种自食同类的动物呢。它们会吃掉自己的兄弟姐妹。而且，在它吃的时候，面不改色心不跳，泰然自若，那副样子简直和它吃蝗虫、蚱蜢的时候一模一样，仿佛这是天经地义的事情。并且，在食同类的螳螂旁边围观的观众们，不仅没有任何反应和抵抗的行动，还纷纷跃跃

欲试呢！事实上，螳螂甚至还有食用丈夫的习性。雌性的螳螂会咬住丈夫的头颈，一口一口地吃下去，只剩下两片薄薄的翅膀，让人难以置信！

可见，身材那么出众的螳螂竟然比狼还狠毒数倍！因为即使是狼，也不会吃自己的同类！

威武的独角仙

独角仙,又称双叉犀金龟,体大而威武。不包括头上的犄角,体长就达35~60毫米,宽18~38毫米,呈长椭圆形,脊面隆拱。体栗褐到深棕褐色,头部较小;触角有10节,其中鳃片部由3节组成。雌雄异型:雄虫头顶生1末端双分叉的角突,前胸背板中央生1末端分叉的角突,背面比较滑亮;雌虫体型略小,头胸上均无角突,但头面中央隆

◆ 独角仙

起,横列小突3个,前胸背板前部中央有一丁字形凹沟,背面较为粗暗。三对长足强大有力,末端均有利爪1对,是利于爬攀的有力工具。独角仙一年发生1代,成虫通常在每年6~8月出现,多夜出昼伏,有一定趋光性,主要以树木伤口处的汁液,或熟透的水果为食,对作物林木基本不造成危害。

独角仙除可观赏外,还可入药疗疾。入药者为雄虫,夏季捕捉,用开水烫死后晾干或烘干备用。中药名独角蜋虫,有镇惊、破瘀止痛、攻毒及通便等功效。

◆ 独角仙

生防中的小猎手——捕食螨

说起蜘蛛来，几乎没人不知道，但是提起螨类，就有很多人不熟悉了。其实螨类与蜘蛛属于同一类，只是螨类很小，人们平时根本看不见。螨类和蜘蛛一样有8条腿，没有翅膀，前面是小小的头部，后面紧连着一个圆圆的大肚子。有一类植食性螨类能使植物叶子布满白点，开花少，甚至结了的果实也会掉下来。有一种危害棉花的棉叶螨，在中国五大棉区均有危害。仅华北地区历年发生危害的面积就占棉田总数的60%。还有，我们爱吃的树橘子和山楂，在近20年来，也常因为植食性螨类的危害，产量大为减少。

但是除去这些害螨以外，还有一些专门以捕食植食性螨类为生的肉食性螨类，比如智利螨、钝绥螨、畸螯螨等。

它们的身体虽然只有零点几毫

米，但性情凶猛、动作敏捷，食量也大。一个雌智利螨，就可以完全吃掉5个雌叶螨在两周中产下的所有子孙。此外，捕食性螨类的生育后代能力也很强。智利螨一天能产卵2~3个，可以连续产卵一个月，而如果温度适宜，后一代发育的时间仅需要3~5天。因此捕食螨数量多，战斗力很强，所向无敌。目前，在国外人工利用智利螨消灭大田、温室中叶螨的工作已经取得了良好的效果。中国也已引进了智利螨，并正在大力开展应用中。

捕食螨是人类的朋友，是消灭害螨的天敌，所以我们不但在室内要大力繁育它们，同时在田间、野外也要努力保护它们。

缤纷的昆虫世界

姬蜂

在昆虫世界，有一种蜂生来体形娟瘦，头前一对细长的触角，尾后拖着三条宛如彩带的长丝，两对透明的翅膀，飞起来摇摇曳曳，煞是好看！大概因为这个缘故而有了一个"姬蜂"的雅名。姬蜂大多是黄褐色，尾后的长带只有雌蜂才有，那是一条产卵器和两旁产卵器的鞘形成的三条长丝。这一类昆虫种类不少，90年代有人统计，世界上已经发现14 816种，不过据专家估计实际应有6万种左右。中国估计有7000种以上。

姬蜂看起来温柔、善良，但是，它们全部都是靠寄生在其他类昆虫体上生活的，是那些小动物的致命死敌。所幸姬蜂中大多数种类寄生于农、林害虫体上，可以消灭各种各样的害虫。不论哪种姬蜂，它们在幼虫时期都要在其他类昆虫的幼虫或蜘蛛等体内生活，以吸取这些寄主体内的营养，满足

◆ 姬蜂

360°全景探秘
最不可思议的昆虫帝国
ZUIBUKESIYIDEKUNCHONGDIGUO

108

缤纷的昆虫世界

◆ 姬蜂

自己生长发育的需要。各种姬蜂为了让自己的下一代能在寄主体内寄生，真是各有各的本领。比如，柄卵姬蜂产出来的卵上都有各种不同式样的柄，这种柄起着固定卵的作用。如果一个卵产在鳞翅等目的幼虫体上，其柄就能深深的插入幼虫体内，再也掉不下来，即使幼虫蜕皮时，也不会把卵脱掉，直到姬蜂的幼虫由卵中孵化出来为止，而这个幼虫也就是它们的食物了。这种特殊的

构造，使姬蜂寄生的效率大为提高。有些种类的姬蜂有一种探测本领，当它们在害虫体上预备产卵时，能够判断这个寄主是否已被占领，一旦发现有了先来者，随即转移，另找新寄主。具有这种判别能力的姬蜂，在消灭害虫的作用上就更有积极意义。

　　姬蜂种类多，数量大，寿命长，寄生本领高强，消灭害虫种类多等都是它们成为天敌的有利条件，不过它们也有个小小的缺点，就是它们寄生范围太广，虽然可以消灭很多不同种类的害虫，但有时一些有益的昆虫如蜘蛛等也会被它们寄生。所幸有这种缺点的姬蜂，在庞大的姬蜂家族中为数不多。

360° 全景探秘
缤纷的昆虫世界

讨人厌的臭虫

臭虫俗称壁虱,属半翅目、臭虫科。虫体呈宽扁的卵圆形、红褐色,无翅,但有明显的翅基,在人居室、床榻生长繁殖,嗜吸人血的臭虫有2种,即温带臭虫和热带臭虫。两者形态和生活史均相似。前者分布广泛,后者仅分布在热带和亚热带。

形 态

成虫背腹扁平,卵圆形,红褐色,遍体生有短毛。头部两侧有1对突出的复眼,各由约30个小眼面组成。触角1对,分4节,能弯曲,末2节细长。喙较粗,分3节,由头部前下端发出,内含刺吸式口器,不吸血时向后弯折在头、胸部腹面的纵沟内,吸血时向前伸与体约成直角。

胸部最显著的是前胸，其背板中部隆起，前缘有不同程度的凹陷，头部即嵌在凹陷内，侧缘弧形，后缘向内微凹。中胸小，其背板呈倒三角形，后部附着1对较大的椭圆形翅基。后胸背面大部分被翅基遮盖。足3对，在中、后足基节间有新月形的臭腺孔。各足跗节分3节，末端具爪1对。腹部宽阔，因第1节消失、第10节缩小，故外观只可见8节。

◆ 臭虫

雌虫腹部后端钝圆，有角质的生殖孔，第5节腹面后缘右侧有一三角形凹陷，称柏氏器，是精子的入口。雄虫腹部后端窄而尖，端部有一镰刀形的阳茎，向左侧弯曲，储于尾器槽中。

生活史及习性

臭虫生活在人居室及床榻的各种缝隙中，昼伏夜出，吸食人血，不易捕

捉。生活史分为卵、若虫和成虫3期。雌虫饱血后产卵，一生可产卵75～200个，最多达540个。卵白色，长圆形，卵壳上有网状纹，常黏附在成虫活动和隐匿处，在18～25℃条件下一周即可孵出若虫。

若虫分5龄，在末次蜕皮后翅基出现，变为成虫，成虫寿命可达9～18个月。臭虫有群居习性，在隐匿处常可见许多臭虫聚集。

臭虫与医学

臭虫夜晚吸血时将唾液注入人体，可使皮肤局部红肿，痛痒难忍。在非洲，虽然有因臭虫大量吸血引起贫血，或诱发心脏病及感冒的报道，但是至今尚未能证实自然条件下臭虫能传播疾病。

防治原则

搞好居室卫生,堵塞家具、墙壁、地板等的缝隙。同时要经常杀灭臭虫,最简单的方法是用开水烫杀,也可使用各种杀虫剂。旅行或搬迁时,要仔细检查行李及旧家具,避免臭虫播散。

社会性昆虫蚂蚁

蚂蚁在世界各个角落都能存活，秘诀在于它们生活在一个非常有组织的群体中。它们一起工作，一起建筑巢穴，使它们的卵与后代能在其中安全成长。

蚂蚁有不同类型，每一类都有专门的职责。蚁后产卵，大部分卵将发育成雌性，它们被称为工蚁。它们负责建筑并保卫巢穴，照顾蚁后、卵和幼虫，以及搜寻食物。

◆ 蚂蚁

◆ 澳大利亚储蜜蚁

到一定时候，雄蚁与新的蚁后会产生出来，它们长有翅膀，会飞出去交配。交配以后，雄蚁死去，新的蚁后则开始领导起又一个群体的生活。在群体中，蚁后是唯一能产卵的。工蚁要喂养它，替它清洁身体，并将它的卵带到另一处去照料。

某些澳大利亚蚂蚁将它们的工蚁作为一种活的储藏罐。当工蚁采集吞食了大量花蜜，身体变得膨大后，它们就将自身挂在巢穴的天花板上，一直到有别的蚂蚁需要食用它们体内储藏的花蜜为止。

不同蚂蚁吃不同的食物。收获蚁吃种子，割叶蚁吃蘑菇，而有些蚂蚁则贮存一种蚜虫，它们从蚜虫体内抽取含糖物质作为食物，这同人类从母牛身上挤奶非常相似。

逢人便拜的叩头虫

◆ 叩头虫

叩头虫属于扣甲科，扣甲多为中小型种类，头小，体狭长，末端尖削，略扁。体色呈灰、褐、棕等暗色，体表披细毛或鳞片状毛，组成不同的花斑或条纹。生活在地下土壤内，可危害播下的种子、植物根和块茎，是重要的地下害虫。世界记载的叩甲已超过1万种，中国已知约600种。如果用拇指和食指轻轻捏着叩头虫的后腹部和鞘翅端部，将它的头部朝向自己，叩头虫便将前胸下弯，然后又抬起挺直，发出"咔咔"的声音，如此反复进行，好似在不停地磕头。其实它可不是真的在向你磕头求饶，而是在挣扎逃脱，你稍不留心，它就会弹跳逃走。这种昆虫还会以叩"响头"的方式传递信息，吸引异性呢。

叩头虫为什么能叩头呢？因

为它前胸背板与鞘翅基部有一条横缝（下凹），前胸腹板有一个向前伸的楔形突，正好插入中间胸腹板的凹沟内，这就组成了弹跃的构造。如果你将它背朝下放在平面上仰卧，它先挺胸弯背，头和前胸向后仰，后胸和腹部向下弯曲，这样就使身体中间离开平面而成弓形，然后再靠肌肉的强力收缩，使前胸向中胸收拢，胸部背面撞击平面，身体借助平面的反冲力弹起，从而翻过身来。叩头虫的这种熟练而优美的翻身动作，真像体操的"前滚翻"和"仰卧跃起"表演。如你抓到多头雄虫的话，放到一起，还能观赏它们比武相斗的精彩场面，重拾几分稚气呢！

昆虫数学家

当我们观察丝光蛛和条纹蛛的网时,就会发现那些辐排得很均匀,每对相邻的辐所交成的角都是相等的;虽然辐的数目对不同的蜘蛛而言是各不相同的,可这个规律适用于各种蜘蛛。在同一个扇形里,所有的弦都是互相平行的,并且越靠近中心,之间的距离越远。每一根弦和支持它的两根辐交成四个角,一边的两个是钝角,另一边的两个是锐角。而同一扇形中的弦

◆ 蜘蛛

和辐所交成的钝角和锐角正好各自相等——因为这些弦都是平行的。不但如此,这些相等的锐角和钝角,又和别的扇形中的锐角和钝角分别相等,总的看来,这螺旋形的线圈包括一组组横档以及一组组和辐交成相等的角。这种特性使我们想到数学家们所称的"对数螺线"。对数螺线是一根无止境的螺线,它永远向着极绕,越绕越靠近极,但又永远不能到达极。这种图形只存在科学家的假想中,可令人惊讶的是小小的蜘蛛也知道这线,它就是依照这种曲线的法则来绕它网上的螺线的,而且做得很精确。

　　这种螺旋线在动物世界是普遍存在的,有一种蜗牛的壳就是依照对数螺线构造的。壳类化石中,这种螺线的例子还有很多。太古时代的生物鹦鹉螺,它们的壳和世界初始时它们的老祖宗的壳完全一样。也就是说,它们的壳仍然是依照对数螺线设计的,并没有因时

间的流逝而改变。

可是这些动物是从哪里学到这种高深的数学知识的呢？又是怎样把这些知识应用于实际的呢？没有人教它们怎么去做，它们却很自然地在工作着。

我们抛出一个石子，这石子在空间的路线是一种特殊的曲线。树上的枯叶被风吹下来落到地上，所经过的路程也是这种形状的曲线。科学家称其为抛物线。几何学家对这曲线作了进一步的研究，他们假想这曲线在一根无限长的直线上滚动，那么它的焦点将要划出怎样一道轨迹呢？答案是：垂曲线。这要用一个很复杂的代数式来表示。如果用数字来表示，大约是 $1+1/1+1/1\times 2+1/1\times 2\times 3+1/1\times 2\times 3\times 4+\cdots\cdots$ 的和。

◆ 蜗牛

◆ 蜘蛛网

缤纷的昆虫世界

几何学家于是用"e"来代表。e是一个无限不循环小数,数学中常常用到它。而这个魔术般的"e"竟又在蜘蛛网上被发现了。在一个有雾的早晨,这黏性的线上挂了许多小露珠。

它的重量把蛛网的丝压得弯下来,于是构成了许多垂曲线,像许多透明的宝石串成的链子。太阳一出来,这一串珠子就发出彩虹一般美丽的光彩,好像一串金刚钻。几何学,在铁杉果鳞片的排列中以及蛛网的线条排列中能找到,在蜗牛的螺线中能找到,在行星的轨道上也能找到,它无处不在,无时不在,足迹遍布天下。

◆ 蜘蛛网

台湾罕见奇形虫

长角大锹形虫

俗名：长角、黑金刚、关刀龟
分布：台湾全省中海拔地区

长角大锹的大颚状似关刀，独树一格，体型极大，有的可达9厘米。长角非常稀少，仅在中海拔的原始阔叶林有较稳定的族群。成虫趋光，长角的雄虫非常凶猛，且神经质，越大的越凶，因此，当宠物并不大理想。但是由于长角体型大，最有力量也最会打架，所以日本人现在也渐渐开始饲养，目前已被列为立法保护的珍贵稀有保护类野生动物。

◆ 大锹形虫

台湾大锹形虫

俗名：台大
分布：台湾全省平地至中海拔地区

台大分布非常广，从垦丁的海岸林到海拔2000公尺的观雾都有其踪迹。成虫全年活动,以4~6月较多,趋光,但一飞向光源着地后会迅速寻找掩蔽,故采集者常以熟腐之水果置于路灯下将其诱出。雌虫体型大,是雄虫的数倍。台大的小型个体非常神经质,不但爱夹人,且非常胆小,逃跑的速度很快,以35~40毫米的雄虫最快,堪称最快的锹形虫也不为过。大型个体一般较稳重,不太会攻击人,而且其大颚浑厚又有立体感,非常漂亮。由于台湾大锹体型大、又华丽,饲养简单,成虫可活24年,因此,现在已经成为日本最流行的宠物锹形虫。

扁锹形虫

俗名:阿扁、总统锹
分布:全省和绿岛海拔1300公尺以下地区

堪称台湾最亲切的锹形虫,当你想看到它时,它会出现,你不想看到它时,它仍然会出现。扁锹分布非常广,遍布东亚、东南亚,产于婆罗洲的亚种体长10厘米以上,为甲虫收集者非常喜欢的收藏品。扁锹生命力强韧,耐旱、耐饿,非常容易饲养,成虫多可越冬跨年饲养,极适合作为宠物!扁锹的采集也很容易,在中低海拔树林附近的路灯下常可发现。二三龄的雌性幼虫个体,可于腹内发现黄球状卵巢构造。

◆ 扁锹形虫

深山扁锹形虫

俗名：深山总统锹
分布：海拔400～1800公尺山区

外形和扁锹相似，但小齿突较少，大齿突出位置较扁锹为前，一般体型较扁锹小且全身密布细微点刻。虽然被称为深山扁锹形虫，但是却由海岸林到2000公尺以上的山区皆有分布，数量远不及扁锹，但尚称普遍，成虫较扁锹耐寒，多可越冬，且在冬天及早春也会活动。深山扁锹形虫是台湾最好饲养的锹，只要木头稍有腐朽，湿度适合，雌虫即会产卵，且幼虫不偏食、长得快，是锹形虫饲育的入门种类。

以上仅介绍了几种中国台湾省的锹形虫，当然还有更多的奇形虫世界值得我们去探寻。

缤纷的昆虫世界

奇形怪状的幼虫

多足的幼虫

　　大部分脉翅目、广翅目、极少数甲虫、长翅目、鳞翅目和膜翅目的叶蜂类幼虫，都是多足型幼虫。

　　多足型幼虫的特点是，除胸足外，腹部还具有多对足，呼吸系统属周气门式。根据幼虫的体型和足的形态，又分为多足型和蠋型两类。前者腹部具有若干对刺突，如广翅目的泥蛉除前 8 腹节各有一对刺突外，前 7 腹节还各有 1～2 对生有呼吸丝的泡。后者包括大多数鳞翅目幼虫、叶蜂幼虫、若干长翅目幼虫，特点是，体呈圆筒形，腹部有足。

◆ 叶蜂幼虫

穿着蓑衣走路

蓑蛾的幼虫吐丝织成各种形状的蓑囊，囊上黏附断枝、残叶、土粒等，幼虫栖息其中。

行动时，将头、胸伸出，负囊移动。老熟幼虫将囊用丝悬挂在植物上，在囊内化蛹。雄蛾羽化后从囊的下端飞出，雌蛾无翅，终生栖息在蓑囊内，羽化后伸出头、胸，等待雄蛾飞来交尾并产卵在囊内。幼虫危害果树、林木、谷类作物和蔬菜。

◆ 蓑蛾幼虫

无足的蛆

双翅目、膜翅目的细腰亚目、蚤目，以及鞘翅目的象虫科等的幼虫均属无足型。无足型幼虫的特点是身上没有任何附肢，多数是由寡足型或多足型幼虫附肢消失而来的。由于它们通常都生活在容易获得食料的环境中，所以行动器官退化，而且感觉器官不发达。无足型幼虫按头部程度又分为全头式、半头式和无头式三种类型。

少足的蛴螬

寡足型幼虫出现在鞘翅目、毛翅目和部分脉翅目昆虫中，它们具有发达的胸足，但腹部无足。典型的寡足型幼虫是捕食性的，它们的

◆ 蛴螬

行动器官和感觉器官都很发达，但也有一些过渡性的类型，表现了不同程度的退化，如金龟子的幼虫——蛴螬。

若 虫

不完全变态类昆虫的幼虫与成虫相似，仅在个体大小、翅和外生殖器等方面不同，称为若虫。蝗虫的若虫蝗蝻，是不完全变态类昆虫的代表。

◆ 蝗蝻

· 最 · 不 · 可 · 思 · 议 · 的 · 昆 · 虫 · 帝 · 国 ·

七、昆虫世界的奇异现象

蚜虫报警

1971年，昆虫学家首次发现了压扁的蚜虫能使周围的蚜虫警觉，紧接着发现这是蚜虫的腹管分泌了挥发性物质所致，并把这种物质称为报警激素，这种激素通常在1～3厘米范围内有效。接受报警激素的部位是蚜虫的触角。一些蚜虫种类比其他蚜虫更易分泌，如桃蚜比豌豆蚜更易分泌。通常刺激蚜虫的足，腹管分泌的可能性比较小，而刺激头、胸及腹部等关键

◆ 桃蚜

360°全景探秘
昆虫世界的奇异现象

部位，腹管容易分泌。蚜虫对这些挥发性物质的反应不一，最显著的反应是多从植物上掉落或跳走。不同种类或不同年龄的蚜虫对报警激

素的反应也不一样。如桃蚜掉下或走开，而杨树毛蚜只走开或摇摆腹部。一些植物也会分泌报警激素，去防止有翅蚜的降落与定居。我们是否可以从这种现象得到启示呢？

蝴蝶黑翅膀之谜

　　蝴蝶会玩耍光学诡计，使自己翅膀上的光色素看上去更黑。有一种名为雄蝶的澳大利亚常见蝴蝶，翅膀中部呈明亮的蓝色，四周镶有黑色，它们利用这一技巧使自己的翅膀变得更鲜明，从而在竞争对手中更为突出。专家指出，鳞片中含有的色素具有特殊物理结构，它能"阻滞"光线，同时能增强光的吸收程

度。例如，孔雀羽毛的浅绿色是由相互干涉效应产生——自身羽毛中蛋白的特殊组织方式能使光反射成这样，即一切不需要的光波被"废弃"。

以乌克维齐克博士为首的研究小组发现，蝴蝶翅膀的黑色部分由小鳞片组成，这些小鳞片通过折射能滞留光线。蝴蝶翅膀组织的折射率与空气折射率之比为1∶6（与水的折射率之比为1∶3），因此，能最大限度地使大部分光线被色素吸收。

◆ "黑翅膀"的蝴蝶

最不可思议的昆虫帝国
ZUIBUKESIYIDEKUNCHONGDIGUO

幼虫的蜕皮

昆虫的外骨骼不能随着身体的长大而长大，使身体内的组织器官的生长受到了限制。因此，它们在生长发育过程中有蜕皮现象。昆虫刚蜕皮后，在新的表皮层未加厚、硬化之前，身体可以增大体积，所以，处在生长发育过程中的幼虫蜕皮次数较多。

昆虫幼虫是怎样蜕皮的呢？首先，幼虫停止取食，找个合适的地方，用足紧紧抓住。等新的表皮层形成，它就用力收缩腹部肌肉，同时吸进空气，使胸

部膨胀向上拱起，压迫旧头壳和胸部背上表皮层脆弱的地方，以便把旧头壳顶下来，或者在背上裂条缝，然后靠身体蠕动，先把头和前胸从旧壳中脱出来，接着慢慢地把胸部、腹部的旧皮脱掉。因此，我们平时看到的昆虫幼虫蜕下来的皮是一个背部有裂缝的空皮筒。

昆虫的两种眼睛

昆虫头部一般长有单眼和复眼。单眼有辨别光线强弱的能力,而在昆虫视觉上只起辅助作用,起主要作用的是复眼。复眼不仅能识别物体的形象,还能辨别颜色,特别是运动着的物体的形象。

昆虫的复眼由许多小眼组合而成。各种昆虫复眼上的小眼数目也不相同,最少的有5~6个,复杂的可达几千甚至几万个。例如家蝇的复眼有4000个小眼,蜜蜂中的工蜂的复眼有6300个小眼。人类不仅模仿昆虫复眼制成

◆ 苍蝇的复眼

"偏振光天文罗盘",解决了航海上的导航问题,还制成了"蝇眼"照相机,这种相机一次就能摄到1000多张清晰度很高的照片。

<<<< 360° 全景探秘
昆虫世界的
奇异现象

最不可思议的昆虫帝国

昆虫通讯之谜

我们有时可以看到，一个工蚁匆匆返回巢穴后，会有大批工蚁出巢，去把那个工蚁找到的食物搬回巢去。为什么大批工蚁能找到所要追踪的目标呢？

科学家对昆虫的通讯方式进行了大量研究，发现某些昆虫依靠自身所释放出的某种化学物质（或称信息素）进行通讯联系，而许多昆虫接受信息素的部位是触角。美国生物化学家卡拉汉曾用电子显微镜对昆

虫触角进行电子扫描，得出的结论是：昆虫触角上的化学物质感受器很像无线电工程上的天线，于是他把触角称为"生物天线"。生物天线非常灵敏，往往几微克的化学物质所发出的气味就可以招来成千上万只昆虫。而回巢的工蚁之所以能够招来大批工蚁搬运食物，就是因为它在沿途释放了化学物质——追踪激素的缘故。

目前，关于昆虫通讯的秘密虽然还没有完全揭开，但是，对昆虫通讯系统研究的成果已在许多方面得到了应用。例如，科学家们在捕虫器上放上微量的信息素，就可以引诱来大批害虫而加以消灭。

360°全景探秘
昆虫世界的奇异现象

昆虫也会搞"窃听"

情报在战争中的作用不言而喻,而美国科学家最近发现,在植物与昆虫的"战争"中,昆虫也会"窃听"植物发出的求救信号,去应付植物即将采取的防御计划。

植物被昆虫啮食时,会产生一些化学物质,一是吸引这些昆虫的天敌来捕食;二是告知植物自身防御系统加强"军备",制造对昆虫有毒的物质。美国伊利诺伊大学的科学家说,芹菜被美洲棉铃虫的幼虫啮食时,会产生茉莉酮酸酯和水杨酸酯等化学警报信号,促进植株内毒素的合成。而棉铃虫幼虫会"截获"这些信号,在植物产生毒素前,先制造出解毒剂,使棉铃幼虫继续它们的芹菜大餐。

◆ 棉铃虫

昆虫如何防卫

昆虫是多种动物的食物——包括其他昆虫！所以它们有各种方法防止被吃掉，最明显的方法就是逃跑。

有些昆虫对于捕食者来说很不好吃。通常不好吃的昆虫颜色鲜艳，以警告其他动物别吃自己。还有的昆虫碰一下就会发出难闻的气味，一些甲虫就是

◆ 食蚜虻

昆虫世界的奇异现象

用这种方法自卫的。雌性的黄蜂和蜜蜂有螯刺,能用来攻击任何威胁它们巢穴的动物。食蚜虻和蜂形天牛有黑黄条纹,长得很像黄蜂,但是没有螯刺。其他动物因为不知道,所以不敢碰它们。

许多蚂蚁也有螯刺,一些没有螯刺的蚂蚁能喷出25公分远的酸。一些蛾的幼虫也能喷酸。而最好的躲避攻击的方法就是不被发现。许多昆虫有很好的保护色,它们与周围的环境相混,很难分辨。还有的昆虫假扮别的东西伪装自己。一些昆虫看上去太像树叶了,以至于被吃叶子的动物咬上!

◆ 枯叶蝶

最不可思议的昆虫帝国
ZUIBUKESIYIDEKUNCHONGDIGUO

别具一格的自救方法

避重就轻

大蚊为了逃避敌人危害,可断肢体而救得性命。大蚊的腿又细又长,非常醒目,抓住或碰到后很容易脱落,但虫体本身并不会受到伤害,可借机逃走。

蝴蝶的大多数眼斑被认为是起防御作用的"目标区",能吸引捕食者捕捉,即使损坏也不会危及生命。在灰蝶科的许多种类中,眼斑与结构特征相结合而在后翅内角处形成一个"假头"。翅的这一部分常延伸出小尾突。这些蝴蝶在栖息时翅合拢并摩擦引起尾突振动,好像头部的触角在活动。

武装部队——兵蚁

每年危害大量木材的白蚁防卫本领更高强。兵白蚁具有一对硬而锐利的大颚,是强有力的护卫武器,同时分泌毒液,涂在敌虫被它咬破的皮肤伤口上。能使受伤敌虫一命呜呼。

◆ 金斑蝶

◆ 白杨透翅蛾

装死逃生

你见过"死"过的虫再活过来吗？那是虫在装死。如果你到麦田去，只要稍稍动一下麦叶，停在上面的黏虫幼虫或麦叶蜂，就把身体一卷而滚落地上了。如果你到菜田里，手还不曾摸到甲虫，它已经滚落菜心里了。我们把这些现象称为假死性。

难道昆虫果真知道有人要去捉它，赶快装死吗？当然不是，昆虫的假死性实际上是一种很简单的刺激反应。当它们的眼睛或身体上的感觉毛感受到周围环境变动的时候，神经就会发出信号，使昆虫浑身的肌肉收缩起来。昆虫肌肉一收缩，原来停在植物上的足就会缩起来，所以身体无法站稳而滚落下去。假死是昆虫躲避敌害的一种方法。例如鸟要啄食昆虫，还没有飞到虫子身旁时，昆虫已经先感觉到而滚落了。

仿有毒的昆虫

一些昆虫体内有毒,令捕食性天敌望而生畏。因此,一些无毒的昆虫就会模仿有毒昆虫的外形和行为,从而得到保护。斑蝶大多有毒,所以常成为其他蝴蝶模拟的对象。你看金斑蛱蝶的雌虫与金斑蝶多么像啊。再看这只透翅蛾,你不会认为是马蜂吧!